Skin care & Facial Treatment

NCS 학습을 기반으로 한

피부미용 페이셜 관리

김 현 숙

메디시인

머 리 말

피부미용산업이 정착되어 관심이 점점 높아지고 있으며 의료적인 치료와 구별되어 피부를 보다 젊고 아름답게 가꾸려는 욕구가 높아지고 있는 이 시대에 피부미용을 전문으로 하는 전문가들에게 도움이 되고자 피부미용얼굴관리를 편찬하게 되었습니다.

본 교재는 피부미용의 얼굴관리를 자세하게 설명하여 새로 입문하는 학생들이나 재교육이 필요한 전문가들에게 피부의 결에 따라 페이셜 관리를 할 수 있도록 머슬테라피(muscle therapy)를 중심으로 집필한 교재입니다.

피부미용관리에는 얼굴관리, 전신몸매관리와 림프, 아로마, 약손테라피 등의 특수관리가 있으나 이 책에서는 얼굴관리를 중심으로 설명하였습니다.

얼굴을 전문적으로 관리하기 위해서는 얼굴의 피부구조와 피부생리에 대해 알아야 하고, 피부의 부속기관과 혈액순환, 림프순환, 근육, 신경, 뼈대에 대해서도 알아야 올바른 관리를 할 수 있으므로 피부미용을 위한 피부과학과 해부생리에 대해 기본적으로 꼭 알아야 할 부분에 대해 설명하였습니다.

Chapter 1에서는 피부미용의 개요에서 피부미용의 정의와 업무내용을 다루었습니다.

Chapter 2에서는 피부미용의 실무에서 클렌징, 딥클렌징, 머슬관리테크닉, 팩, 마스크, 마무리 순으로, 실제 관리하는 샵에서 오랜 기간 동안 사용하여 효과가 성공적으로 검증된 머슬테라피를 공개하여 피부미용분야에서 활용할 수 있도록 하였습니다.

Chapter 3에서는 피부미용실의 위생에 대해 설명하였습니다.
피부미용실에서는 청결과 위생관리가 아주 중요하므로 고객과 직원들의 건강한 생활을 영위할 수 있도록 도움이 되길 바라며 이 부분을 강조하였습니다.

Chapter 4에서는 피부미용을 위한 해부생리를 얼굴관리를 중심으로 세포와 조직, 기관, 계통으로 나누어 설명하였습니다.

피부는 개인마다 특성이 있고 아주 소중한 부분이므로 고객의 피부를 잘 알고 관리하여 만족도가 높아질 수 있도록 끊임없는 연구와 노력이 요구됩니다.

이러한 발전에 이 교재가 피부미용인들과 피부미용산업에 작은 보탬이 될 수 있기를 바랍니다.

이 책 출간을 위해 편집을 도와주신 최경임 교수님과 사진촬영을 도와준 약손명가 채수연 팀장과 책 편찬을 맡아주신 ㈜지구문화/메디시언 임직원여러분의 노고에 감사드립니다.

신축년에
김현숙

차례

Contents

차례

Chapter 06 피부미용을 위한 해부생리

[NCS 학습모듈 위치]

<table>
<tr><td>대분류</td><td colspan="2">이용·숙박·여행·오락·스포츠</td></tr>
<tr><td>중분류</td><td colspan="2">이·미용</td></tr>
<tr><td>소분류</td><td colspan="2">이·미용서비스</td></tr>
<tr><td>세분류</td><td colspan="2"></td></tr>
<tr><td rowspan="9">피부미용</td><td>능력단위</td><td>학습모듈명</td></tr>
<tr><td>피부미용 고객상담</td><td rowspan="2">피부미용 고객상담</td></tr>
<tr><td>피부미용 고객마무리관리</td></tr>
<tr><td>피부미용 피부분석</td><td rowspan="2">피부미용 피부분석 및 위생관리</td></tr>
<tr><td>피부미용 위생관리</td></tr>
<tr><td>피부미용 샵 경영관리</td><td>피부미용 샵 경영관리</td></tr>
<tr><td>피부미용 얼굴각질관리</td><td rowspan="3">얼굴관리</td></tr>
<tr><td>피부미용 얼굴매뉴얼 테크닉</td></tr>
<tr><td>피부미용 얼굴 팩·마스크</td></tr>
</table>

얼굴관리(LM12010212_17v4, LM12010213_17v4, LM12010214_17v4)

얼굴관리 학습모듈의 개요

① 학습모듈의 목표

얼굴 클렌징 후 얼굴 형태에 따른 눈썹정리, 피부유형에 맞는 딥클렌징, 피부유형과 부위에 맞는 매뉴얼 테크닉을 하고 영양물질 도포, 팩·마스크를 실시한 후 마무리할 수 있다.

② 선수학습

피부미용 피부분석(1201010202_14v2), 피부미용기구 활용(1201010208_14v2), 피부미용 화장품사용(1201010209_14v2), 피부미용 위생관리(1201010210_14v2)

③ 학습모듈의 내용체계

<table>
<tr><td rowspan="2">학습</td><td rowspan="2">학습내용</td><td colspan="2">NCS 능력단위요소</td></tr>
<tr><td>코드번호</td><td>요소명칭</td></tr>
<tr><td rowspan="2">1. 피부미용 얼굴각질 관리하기</td><td>1−1 얼굴 클렌징</td><td>1201010212_17v4.1</td><td>얼굴 클렌징하기</td></tr>
<tr><td>1−2 얼굴 딥클렌징</td><td>1201010212_17v4.2</td><td>얼굴 딥클렌징하기</td></tr>
<tr><td rowspan="2">2. 피부미용 얼굴 매뉴얼테크닉하기</td><td>2−1 얼굴 매뉴얼 테크닉</td><td>1201010213_17v4.1</td><td>매뉴얼 테크닉하기</td></tr>
<tr><td>2−2 영양물질 도포</td><td>1201010213_17v4.2</td><td>영양물질 도포하기</td></tr>
<tr><td rowspan="2">3. 피부미용 얼굴 팩·마스크하기</td><td>3−1 얼굴 팩·마스크</td><td>1201010214_17v4.1</td><td>얼굴 팩·마스크하기</td></tr>
<tr><td>3−2 얼굴관리 마무리</td><td>1201010214_17v4.2</td><td>얼굴관리 마무리하기</td></tr>
</table>

[학습 1] 피부미용 얼굴각질 관리하기

1-1 얼굴클렌징(LM1201010212_17v4.1)

학습 목표	• 얼굴 피부 유형별 상태에 따라 클렌징 방법과 제품을 선택할 수 있다. • 눈, 입술 순서로 포인트 메이크업을 클렌징할 수 있다. • 얼굴피부 유형에 맞는 제품과 테크닉으로 클렌징할 수 있다. • 온습포 또는 경우에 따라 냉습포로 닦아내고 토닉으로 정리할 수 있다.
학습Tip	**삼차신경** : 얼굴과 머리 앞면의 감각 신경, 저작근을 지배하는 운동 신경이 혼합된 것으로 뇌신경 중 가장 큰 것이다. 교뇌로부터 나오면 곧 삼차 신경절을 만들고 여기서 안신경, 하악신경, 상악신경의 세 가지로 갈라지므로 삼차신경이라 부른다.
피드백	① **평가자 체크리스트** : 매뉴얼 테크닉 시 기본 5가지 동작을 실시하게 하며 평가 후 미흡한 부분은 1:1 상호실습을 통해 재학습시킨다. ② **작업장 평가** : 매뉴얼 테크닉 시 밀착, 리듬, 강약, 속도, 시간을 제대로 준수하는지 평가한 후 미흡한 부분은 조별 실습을 통해 재학습시킨다

1-2 얼굴 딥클렌징(1201010212_17v4.2)

학습 목표	• 피부 유형별 딥클렌징 제품을 선택할 수 있다. • 선택된 딥클렌징 제품을 특성에 맞게 적용할 수 있다.
학습Tip	① 피부 유형에 맞는 제품을 선택해야 한다. ② 제품의 적용 방법이 적합해야 한다. ③ 제품의 사용 방법이 정확해야 한다. ④ 작업 효율성을 높여야 한다. ⑤ 잔여물이 청결하게 닦아내야 한다. ⑥ 습포를 피부 유형에 맞게 사용해야 한다. ⑦ 다음 단계를 위하여 토닉으로 정리한다.
피드백	① **평가자 체크리스트** : 딥클렌징 중 고마쥐를 올바르게 바르고 근육 결에 따라 밀어내는지 평가한다. 평가 후 미흡한 부분은 조별 상호실습을 통해 재학습시킨다. ② **작업장 평가** : 딥클렌징 중 효소를 미온수에 잘 개어서 바르는지, 바른 후 흘러내리지 않는지 평가한다. 미흡한 부분은 조별 상호실습을 통해 재학습시킨다.

[학습 2] 얼굴 매뉴얼 테크닉하기

2-1 얼굴 매뉴얼 테크닉(1201010213_17v4.1)

학습 목표	• 얼굴 피부 유형과 부위에 맞는 매뉴얼 테크닉을 하기 위한 제품을 선택할 수 있다. • 선택된 제품을 피부에 도포할 수 있다. • 5가지 기본 동작을 이용하여 매뉴얼 테크닉을 적용할 수 있다. • 얼굴의 피부 상태와 부위에 적정한 리듬, 강약, 속도, 시간, 밀착 등을 조절하여 매뉴얼 테크닉을 적용할 수 있다

학습Tip	삼차신경 : 얼굴과 머리 앞면의 감각 신경, 저작근을 지배하는 운동 신경이 혼합된 것으로 뇌신경 중 가장 큰 것이다. 교뇌로부터 나오면 곧 삼차 신경절을 만들고 여기서 안신경, 하악신경, 상악신경의 세 가지로 갈라지므로 삼차신경이라 부른다.
피드백	① 평가자 체크리스트 : 매뉴얼 테크닉 시 기본 5가지 동작을 실시하게 하며 평가 후 미흡한 부분은 1:1 상호실습을 통해 재학습시킨다. ② 작업장 평가 : 매뉴얼 테크닉 시 밀착, 리듬, 강약, 속도, 시간을 제대로 준수하는지 평가한 후 미흡한 부분은 조별 실습을 통해 재학습시킨다

2-2 영양물질 도포(1201010213_17v4.2)

학습 목표	• 피부유형에 따라 영양물질을 선택할 수 있다. • 피부유형에 따라 필요한 영양물질을 도포할 수 있다. • 제품의 특성에 따라 영양물질이 흡수되도록 할 수 있다.
학습Tip	Point 1 ① 피부 유형에 영양물질을 선택할 수 있다. ② 피부 유형에 필요한 영양물질을 도포할 수 있다 ③ 제품의 특성에 따라 영양물질이 흡수되도록 할 수 있다. Point 2 ① 피부유형에 맞는 영양물질 선택능력 ② 위생적으로 영양물질 도포능력 ③ 영양물질 도포방법 이해. Point 3 ① 영양물질 전 과정 실시 능력 ② 위생적인 실시 여부
피드백	① 평가자 체크리스트 • 매뉴얼테크닉 시 기본 다섯 가지 동작을 실시하게 하며 평가 후 미흡한 부분은 1:1 상호 실습을 통해 재학습시킨다. • 건성 피부에 맞는 영양물질을 선택한 후 올바르게 도포하고 흡수시키는지 평가한다. • 부족한 부분은 조별 실습을 통해 재학습시킨다. ② 작업장 평가 • 매뉴얼테크닉 시 밀착, 리듬, 강약, 속도, 시간을 제대로 준수하는지 평가한 후 미흡한 부분은 조별 실습을 통해 재학습시킨다. • 지성 피부에 맞는 영양물질을 선택한 후 올바르게 도포하고 흡수시키는지 평가한다. • 부족한 부분은 1:1 실습을 통해 재학습시킨다.

학습 3] 얼굴 팩·마스크하기

3-1 얼굴 팩·마스크(LM1201010217_17v4.1)

학습 목표	• 피부 유형에 따라 팩과 마스크 종류를 선택할 수 있다. • 제품 성질에 맞는 팩과 마스크를 적용할 수 있다. • 관리 후 팩과 마스크를 안전하게 제거할 수 있다.

<table>
<tr><td>학습Tip</td><td>Point 1
① 피부 유형에 적합한 팩을 선택해야 한다.
② 팩을 하려는 부위의 상태에 따라 적합한 팩을 선택해야 한다.
③ 복합성 피부인 경우 2가지 이상의 팩을 사용해야 한다.
Point 2
① 근육 결에 따라 섬세하게 도포해야 한다.
② 아이 패드를 해야 한다.
③ 팩(마스크)의 특징에 따라 도포해야 한다.
④ 볼 → 턱 → 이마 → 코 → 목 순서대로 올바르게 도포해야 한다. (체온이 낮은 부위부터 바른다.)
Point 3
① 잔여물이 남지 않게 깨끗하게 닦는다.
② 다음 단계를 위한 토닉을 사용해야 한다.
웜 마스크(Warm Mask)란? : 마스크 자체가 피부에 미치는 효과보다는 피부 표면을 따뜻하게 보온해 줌으로써 얼굴에 바른 제품의 흡수를 높여 피부의 기능을 활성화하는데 도움을 준다. 피부미용실에서 주로 사용하는 웜 마스크는 석고와 파라핀 두 종류가 있다.</td></tr>
<tr><td>피드백</td><td>① 평가자 체크리스트
• 복합성피부에 적합한 팩 제를 선택해 부위별로 올바르게 도포하는지 평가한다.
• 미흡한 부분은 1:1 상호실습으로 재학습시킨다.
② 작업장 평가
• 모델링이나 석고 팩 중 택일하여 팩을 순서에 맞게 올리는 것을 수행시키고 평가한다.
• 미흡한 부분은 시연을 통해 재학습시킨다.</td></tr>
</table>

3-2 얼굴관리 마무리

<table>
<tr><td>학습 목표</td><td>• 얼굴관리가 끝난 후 토닉으로 피부 정리를 할 수 있다.
• 고객의 얼굴 피부 유형에 따른 기초 화장품류를 선택할 수 있다.
• 영양 물질을 흡수시키고 자외선 차단제를 사용하여 마무리할 수 있다.</td></tr>
<tr><td>학습Tip</td><td>Point 1
① 토닉은 피부 유형에 맞는 제품을 선택해야 한다.
② 피부 유형에 따른 기초 화장품을 선택할 줄 알아야 한다.
③ 낮과 밤의 화장품을 선별할 수 있어야 한다.
Point 2
① 낮에는 자외선 차단제를 바를 수 있어야 한다.
② 밤에는 나이트크 림을 바를 수 있어야 한다.
③ 주변 정리는 깨끗이 정돈되어야 한다</td></tr>
<tr><td>피드백</td><td>① 평가자 체크리스트
• 피부 유형별 지성 피부에 적합한 토닉을 선택해 바르도록 한 후 평가한다.
• 미흡한 부분은 1:1 상호실습으로 재교육한다.
② 작업장 평가
• 낮에 바르는 크림 중 자외선 차단크림을 바르는지 평가한다.
• 미흡한 부분은 조별 실습을 통하여 재학습한다</td></tr>
</table>

Chapter 1

피부미용의 개요

1. 피부미용의 정의
2. 피부미용의 업무내용

Chapter 1 피부미용의 개요

1. 피부미용의 정의

피부미용은 고객의 상담과 피부상태분석, 피부관리, 제모, 눈썹손질 등을 통하여 안정감 있고 위생적인 환경에서 얼굴과 몸매의 피부를 관리하는 피부미용에 대한 업무를 기획, 관리하는 일이다.

2. 피부미용의 업무내용

1. 얼굴미용

얼굴피부의 상태나 피부유형을 파악하여 화장품 또는 자연요법을 이용하여 관리한다.

얼굴 클렌징 후 얼굴형태에 따른 눈썹정리, 피부유형에 맞는 딥 클렌징, 피부유형과 부위에 맞는 매뉴얼테크닉을 하고 영양물질 도포, 팩 · 마스크를 실시한 후 마무리 관리를 한다.

2. 전신미용

얼굴 외의 등, 가슴, 복부, 팔, 다리, 손, 발 등 모든 몸매부위를 일반관리 및 특수관리를 이용하여 아름답게 관리하는 것을 말한다.

몸매를 분석한 후 상태에 맞게 클렌징, 딥 클렌징을 한 후 부위별 매뉴얼테크닉을 실시하고 영양물질 도포, 팩 · 마스크를 실시한 후 마무리관리를 한다.

3. 피부미용 특수관리

얼굴 및 몸매의 피부를 아름답게 유지 · 보호하기 위하여 기본적 관리 이외 제모하기, 림프관리하기, 눈썹미용관리하기, 아로마관리하기, 스톤테라피하기, 뱀부대나무테라피하기, 한국형 특수관리하기, 두피관리하기, 약손테라피 등 새로운 트랜드 기술을 수행하여 관리한다.

Chapter 2

피부미용실 위생

1. 피부미용 준비 및 위생관리
2. 관리 후 비품 위생관리

Chapter 2 피부미용실 위생

1. 피부미용 준비 및 위생관리

1. 피부미용 비품 준비

(1) 소모품류 및 비품류

① **화장솜**Cotton : 피부미용관리의 각 단계에서 많이 사용되고 있으며, 포인트 메이크업 제거, 토너 정리 시에 주로 젖은 화장솜을 많이 사용한다.

② **면봉**Q-tip : 포인트 메이크업의 아이라인eye line과 마스카라mascara, 립스틱 제거 시 많이 사용하며, 아이, 립 제품을 도포할 때도 사용한다.

③ **거즈**Gauze : 팩, 마스크 시 사용하고, 재료가 흘러내리지 않게 하고, 빨리 굳는 것도 방지하며, 주로 젖은 거즈를 많이 사용한다.

④ **각종 볼**Bowl : 유리 및 플라스틱, 고무의 재질로 나뉘며, 제품을 덜어 사용할 때, 또는 마스크류를 갤 때 주로 많이 사용하며, 큰 볼은 해면 볼로 사용한다.

⑤ **브러시**Brush : 크림 팩, 머드 등 얼굴과 전신에 제품을 펼쳐 바를 때 주로 사용한다.

⑥ **티슈**Tissue : 얼굴관리 시 잔여물 제거 또는 중간 처리과정에서 주로 사용한다.

⑦ **핀셋**Pincette : 화장솜을 집을 때 주로 사용한다.

⑧ **가위**Scissors : 화장솜, 거즈 등을 자르거나 모양을 만들 때 사용한다.

⑨ **눈썹 수정용 도구** : 수정용 도구로는 눈썹 가위, 눈썹 족집게, 눈썹 칼, 눈썹 브러시가 있으며 눈썹의 모양, 눈썹의 길이를 정리할 때 사용한다.

⑩ **휴지통**Waste basket : 피부관리 과정에서 발생되는 쓰레기를 위생적으로 처리할 때 사용한다.

⑪ **피부유형별 화장품** : 클렌징류, 딥클렌징류, 토너, 앰플 및 에센스류, 매뉴얼 테크닉 크림류, 오일류, 팩 & 마스크류, 썬 크림, 보습 & 영양크림류, 아이크림 등이 있다.

(2) 피부관리 기구류

① **자외선 소독기** : 피부관리 시 사용되는 각종 도구, 기기 부속품, 용기 등을 소독하는 기기로 자외선 파장 중 단파장인 자외선 C의 살균효과를 이용하여 소독, 살균하는 기기이다.

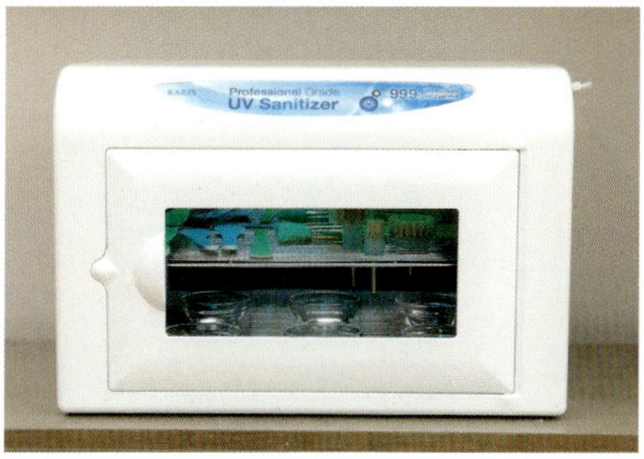

② **피부관리용 베드** : 고객이 편안하게 누워서 얼굴관리 및 전신관리를 받을 수 있으며, 재질이나 크기가 다양하다.

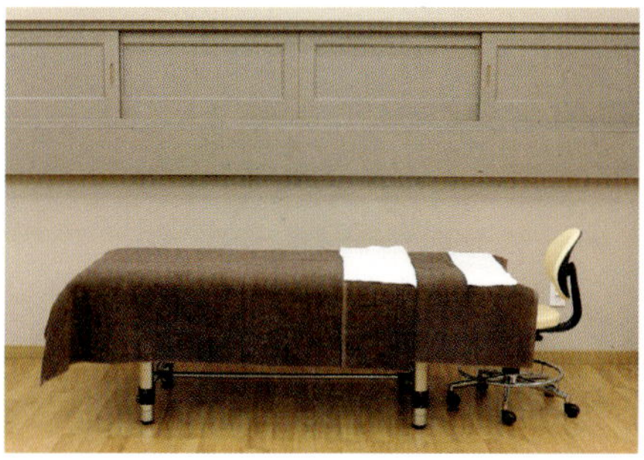

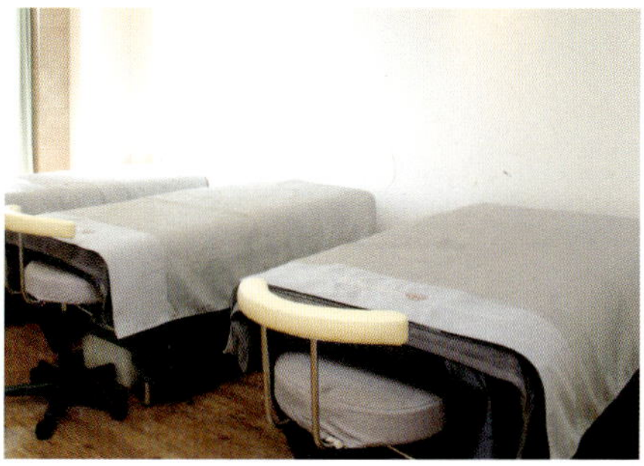

③ **피부관리용 의자** : 피부관리사가 고객 관리 시 앉아서 관리할 때 편안하고 안정된 작업자세를 유지할 수 있는 것으로 선택하고 등받이 의자를 사용한다.

④ **정리대왜건** : 피부관리에 필요한 화장품이나 도구, 재료들을 준비해서 사용하는 정리대이다.

⑤ **온장고** : 온습포 사용을 위해 타월을 따뜻하게 유지해 주는 기기이다.

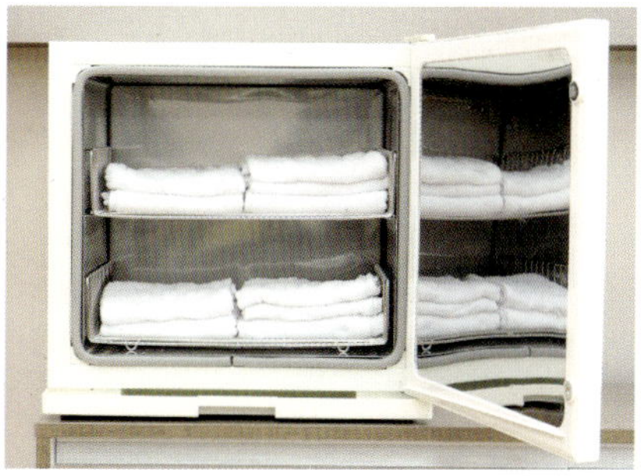

2. 피부미용 위생관리

(1) 피부미용사의 준비사항

① 유니폼은 청결해야 한다.

② 매일 샤워나 목욕으로 체취를 제거하고, 마스크를 착용한다.

③ 손톱을 짧게하고 손은 따뜻하게 유지한다.

④ 머리카락이 흘러내리지 않도록 정돈한다.

(2) 고객관리 전 준비사항

① 고객 가운으로 갈아입고, 고객용 실내화로 갈아 신는다.

② 액세서리는 관리 전 보관함에 보관한다.

③ 피부관리실 온도를 적절하게 맞추어 둔다.

④ 관리 베드의 온도를 미리 예열해 둔다.

⑤ 필요한 소모품 및 화장품을 준비해 둔다.

⑥ 베드 위를 정리해 둔다.

⑦ 헤어터번 안팎을 구분하여 준비한다.

⑧ 고객이 베드에 누울 수 있도록 안내한다.

2. 관리 후 비품 위생관리

1. 화장품

제품 용기를 청결하게 정리한 후 화장품 마개를 확인하고 보관한다.
제품의 유효기간 및 제품의 양과 상태를 확인한다.

2. 기구와 비품 위생관리

① 사용한 모든 기구와 비품은 적절한 방법으로 세척 및 소독을 하여 보관한다.
② 타월, 터번, 고객 가운 등은 사용 후 바로 세탁하고 사용한 타월은 자비 소독하여 청결하게 유지한다.
③ 각종 볼, 브러시, 스파츌라 종류는 중성 세제에 세척 후, 건조시켜 자외선 소독기에 소독 후 보관한다.
④ 족집게, 핀셋, 눈썹가위, 압출기 등의 도구는 사용 후 미온수로 세척한 다음, 70% 알코올에 10분 이상 담가 소독하여 건조 후 보관한다.
⑤ 화장솜, 1회용 부직포, 면봉, 거즈, 1회용 베드커버 등의 소모품은 1회 사용 후 폐기하고 재사용하지 않는다.
⑥ 소독된 것은 분리하여 보관한다.

Chapter 3

피부미용 실무이론

1. 클렌징
2. 딥클렌징(Deep Cleansing)
3. 매뉴얼테크닉(Manual Technic)
4. 팩, 마스크
5. 마무리 관리

Chapter 3 피부미용 실무이론

1. 클렌징

1. 클렌징의 목적

① 피지와 땀, 대기 중의 먼지와 공해물질 등 피부에 묻어있는 더러움을 제거한다.

② 메이크업 잔여물을 제거하고, 피부를 청결하게 하여 피부위생을 유지한다.

③ 피부호흡을 좋게 하고, 피부관리 과정에서 사용하는 유효성분의 흡수가 용이하도록 도운다.

2. 클렌징 시 주의사항

① 피부유형 및 상태에 맞는 클렌징제품과 방법을 선택한다.

② 빠른 손동작으로 자극이 가지 않도록 적용하여 피부 손상없이 노폐물이나 더러움을 제거한다.

③ 눈, 눈썹, 속눈썹, 입술 등 부분화장을 먼저 제거한다.

④ 피부상태에 따라 온습포 또는 냉습포로 닦아내고 화장수로 정리한다.

3. 클렌징제의 종류

(1) 포인트 메이크업 리무버

① 포인트 메이크업을 지우는 데 사용한다.

② 눈과 입은 보호막이 얇으므로 자극을 최소화한다.

③ 주름발생을 예방한다.

(2) 클렌징 크림

① 친유성w/o 크림 상태의 제품이다.

② 피지분비가 많거나 유성 메이크업을 했을 때 주로 사용한다.

③ 이중세안이 필요하다.

(3) 클렌징 로션

① 친수성 에멀젼o/w 상태의 제품으로 식물성 오일이 함유되어 있다.

② 클렌징크림에 비해 수분함유량이 많아 물에 잘 용해된다.

③ 건성, 민감성, 노화피부 타입에 적당하다.

(4) 클렌징 오일

① 물과 친화력이 있는 오일성분을 배합시킨 제품으로 이중세안이 가능하다.

② 노화, 수분부족, 건조하고 민감성 피부에 적당하다.

③ 눈화장, 입술화장 등 포인트메이크업 제거용으로도 사용한다.

(5) 클렌징 젤

① 오일 성분이 전혀 함유되지 않은 세안제이다.

② 지방에 예민한 예민성, 알레르기성 피부나 지성, 여드름 피부에 자극없이 사용된다.

(6) 클렌징 워터

① 수성원료가 함유되어 있어 가볍고 산뜻한 느낌이 특징이다.

② 세정력은 다소 떨어진다.

(7) 비누

① 알칼리 작용으로 조직을 유연하게 하고 각질을 부풀게 하여 피부에 있는 노폐물을 제거한다

② 탈수, 탈지 현상으로 피부 건조화를 유발할 수 있다.

③ 아로마 에센셜오일이나 천연원료가 배합된 중성이나 약산성 비누 사용을 권장한다.

(8) 토닉 로션

① 보습, 수렴, 청정효과, pH 밸런스를 유지해 준다.

② 클렌징 후 잔여물 제거 효과가 있다.

2. 딥클렌징(Deep Cleansing)

1. 딥클렌징의 효과

① 각질층이 정돈되어 피부 톤이 맑아진다.

② 모공 속의 피지와 노폐물을 제거한다.

③ 각질 정리 후 영양성분의 피부침투가 용이해진다.

④ 혈액순환을 촉진시켜 세포재생이 잘 되도록 도와준다.

2. 딥클렌징의 종류

(1) 물리적 방법

① **스크럽** Scrub

과립형태의 작은 입자 성분을 이용하여 표피의 죽은 각질들을 가볍게 문질러 주며 정리해 준다.

스크럽의 주요성분은 살구씨, 아몬드, 조개껍질, 밀기울, 폴리에틸렌 등 주로 정상 피부와 지성 피부 타입에 사용한다. 스크럽제품을 도포 후 손 끝에 미온수를 묻혀 수분을 유지하며 나선형으로 부드럽게 문지른다.

주의사항 *Check Point*

- 예민하거나 혈관이 확장된 부위는 사용을 피한다.
- 스크럽이 눈, 코, 입에 들어가지 않도록 하고 사용 전 아이크림, 립크림을 발라 보호한다.
- 지나친 자극은 피하고, 스크럽이 피부에 남아있지 않도록 깨끗이 제거한다.

② **고마쥐** Gommage

동·식물성 단백질 분해 효소와 깊은 바다 속의 해산물 침전물의 분해작용을 이용한 제품을 사용하기도 한다. 피부에 바른 후 반쯤 굳어지면서 효소의 분해작용이 일어나고, 그 후 한쪽 손으로 피부가 밀리지 않도록 고정한 후 다른 손으로 피부결에 따라 제품을 밀어준 다음 미온수를 발라가며 가볍게 얼굴전체를 문질러 여분의 제품으로 불필요한 각질과 노폐물을 제거한다.

화학적인 분해작용과 손으로 물리적인 동작을 동시에 할 수 있는 딥클렌징이다. 거의 모든 피부 타입에 사용하고 있으며 노화 피부 및 예민성 피부에는 사용을 피한다.

주의사항 *Check Point*

- 제거 시 제품이 코, 입, 눈 안에 들어가지 않도록 주의하고, 예민한 부위는 문지르지 않는다.

(2) 화학적 방법

① **효소**Enzyme

단백질 분해성분인 효소를 이용하여, 떨어져 나가야 할 각질을 피부에서 무리없이 정리해 준다.

효소는 피부온도 정도의 적정 온도와 습도를 유지할 때 효과적이다. 효소파우더를 온수로 개어서 로션정도의 묽기로 사용하며, 젖은 거즈를 올린 후 스티머 또는 온습포로 효소의 작용력을 상승시켜 주면 효과를 증가시킬 수 있다. 스티머는 피부에 따라 시간을 조절하여 사용하고 보통 5분에서 10분정도 사용한다. 노화피부에도 사용이 가능하다.

주의사항 Check Point

- 눈과 입, 코에 들어가지 않도록 주의한다.
- 피부에 따라 시간을 조절하고 적정 온도와 습도를 유지한다.

② **아하**AHA, Alpha Hydroxy Acid

과일 산을 이용하여 죽은 각질 세포의 응집력을 약화시켜 제거하고, 각질층 세포를 정상화시켜준다.

아하의 주요성분은 사탕수수 추출물Glycolic acid, 발효우유 추출물Lactic acid, 사과산 추출물Malic acid, 감귤 추출물Citric acid 등으로 지성 피부, 색소침착 피부, 건성 피부, 노화피부에 사용한다.

주의사항 Check Point

- 예민성 피부, 화농성 여드름 피부에는 사용을 금하고, 노화피부와 건성피부, 색소침착피부에 사용 시 농도를 약하게 조절해서 사용하도록 한다.
- 눈과 입, 코에 들어가지 않도록 주의하고 냉습포로 마무리한다.

③ **바하**BHA, Beta Hydroxy Acid

버드나무와 자작나무, 윈터그린에서 추출한다.

살리실산이 주성분이며 피부미백과 피부진정, 염증완화 효과가 있어 농도에 따라 건성, 노화피부에도 사용가능하며 피지 노폐물제거 효과로 지성, 여드름피부에 주로 사용한다.

주의사항 Check Point

- 눈, 코, 입에 들어가지 않도록 주의한다.

3. 매뉴얼 테크닉(Manual Technic)

손을 이용하여 피부에 일정한 방법으로 자극을 주어 피부운동효과로 혈액순환 촉진 및 피부의 노폐물 배출을 돕고 화장품의 흡수를 도와 피부의 기능을 향상시키기 위해 손으로 하는 마사지 테크닉이다.

전 세계적으로는 마사지Massage라는 용어로 통용되고 있으나 우리나라는 매뉴얼 테크닉Manual Technic이라는 용어를 주로 사용하고 있다.

1. 매뉴얼 테크닉의 효과

① 피부에 적절한 운동효과로 혈액순환을 증가시켜 피부의 온도를 상승시키고 피부를 부드럽게 한다.

② 모낭을 열어주어 피지와 땀의 분비를 촉진시키므로 노폐물 배설을 잘 되게 도와준다.

③ 피부조직에 영양을 공급하고 피부의 흡수력이 좋아져 피부의 신진대사가 원활해지고 세포재생을 증진시킨다.

④ 림프순환이 촉진되어 피부조직 내의 정체된 체액과 부종을 감소한다.

⑤ 과민한 신경을 진정시키고 몸과 마음의 안정을 주어 긴장된 근육조직을 이완시킨다.

⑥ 피하조직의 지방세포 감소 효과가 나타난다.

2. 매뉴얼 테크닉의 주의사항

① 조용하고 청결한 분위기를 제공하도록 한다.

② 손톱, 머리, 복장, 관리사 체취 등 관리사의 개인위생에 신경 쓴다.

③ 클렌징이나 딥클렌징의 잔여물이 잘 제거되었는지 확인한다.

④ 머리카락을 헤어터번으로 잘 감싸 관리 중 제품에 오염되지 않도록 한다.

⑤ 화장품은 위생적으로 관리하고 스파츌라로 덜어서 사용하도록 한다.

⑥ 손은 항상 따뜻하게 유지하고 관리 도중에는 피부에서 손이 모두 떨어지지 않도록 피부에 최대한 밀착하여 관리하도록 하며 동작 간의 연결이 매끄러워야 한다.

⑦ 피부상태와 부위에 따라 매뉴얼 테크닉의 압이나 속도, 리듬, 시간 등을 적절히 사용하여 관리하도록 한다.

⑧ 근육의 방향과 주름 발생 부위를 고려하여 관리하도록 한다.

⑨ 제품이 고객의 눈이나 코, 입안으로 들어가지 않도록 주의한다.

⑩ 매뉴얼 테크닉의 시작과 마무리 동작은 쓰다듬기 에플라지, Effleurage 동작을 적용한다.

3. 매뉴얼 테크닉의 기본동작

1) 경찰법 쓰다듬기, Effleurage

손바닥으로 피부를 부드럽게 쓰다듬는 동작으로 주로 매뉴얼테크닉의 시작과 끝에 많이 사용한다. 손목과 손에 힘을 빼고 손바닥과 피부를 최대한 접촉하여 일정한 속도와 압으로 쓰다듬기 하는 동작이다.

효과 *Check Point*

- 모세혈관을 확장시키고 혈액순환과 림프의 순환을 촉진시킨다.
- 신경을 안정시키고, 피부를 진정시켜 피부의 긴장감을 완화시킨다.

2) 강찰법 문지르기, Friction

손가락의 끝부분을 피부에 대고 조금씩 이동하며 원을 그리는 동작으로 이마, 입가, 관자놀이 등에 많이 사용한다.

효과 *Check Point*

- 혈액순환을 도와주고 근육 긴장을 이완시킨다.
- 피지선을 자극하여 노폐물 배출을 도운다.
- 신진대사를 활성화시켜서 피부탄력을 증진시킨다.

3) 유연법 반죽하기, Petrissage

양 손가락의 지문부위로 피부를 반죽하듯 주무르는 강한 동작으로 근육을 잡아 쥐었다가 놓는 방법이며, 피부조직을 약간 들었다 놓으며 집어주는 동작과 손에 힘을 주어 누르는 동작도 있다.

눈썹관리, 이중턱관리, 지성, 지루성피부 등의 관리에 효과적이다.

효과 *Check Point*

- 혈관을 확장하여 신진대사를 활성화시킨다.
- 피하조직의 노폐물 배출을 촉진시킨다.
- 피하조직과 결체조직을 강화시키고 부기를 해소하며 근육의 탄력성을 높여 준다.

4) 고타법 두드리기, Tapotement

양손을 동시에 사용하여 빠르게 두드리는 동작으로 얼굴의 경우 주로 손가락 끝의 지문부위를 사용하여 피아노치듯 두드리는 방법을 사용하고 손바닥과 손가락 전체로 턱 부분을 올려주듯 가볍게 두드리는 방법도 사용한다.

너무 소리가 크게 나지 않도록 주의한다.

효과 *Check Point*

- 혈액순환을 촉진시킨다.
- 경직된 근육을 이완시키고 피부의 탄력성을 증진시킨다.
- 신경을 자극하여 피부조직에 원기를 회복시킨다.

5) 진동법 바이브레이션/떨기, Vibration

손바닥으로 피부를 흔들어서 진동을 일으키는 방법이다. 손가락으로 진동을 일으키는 방법을 사용하기도 한다.

효과

Check Point

- . 혈액순환과 림프순환을 촉진시킨다.
- . 근육을 이완시켜준다.
- . 피부탄력을 증진시킨다.

4. 매뉴얼 테크닉 시 주의사항

① 손톱은 짧게 하고 손과 피부를 청결히 관리한다.

② 사용하는 제품이 눈이나 코, 입속으로 들어가지 않도록 한다.

③ 일광욕 후 붉어진 피부에는 매뉴얼 테크닉을 하지 않도록 한다.

④ 전염성이 있는 피부질환, 염증이나 알레르기 등 각종 피부 질환자의 경우에도 매뉴얼 테크닉을 하지 않도록 한다.

⑤ 임신 말기의 임산부, 수술직후나 당뇨병 환자의 경우에도 매뉴얼 테크닉을 하지 않도록 한다.

⑥ 심장에 관련된 질병과 고혈압 증상이 있는 경우 생리 전 후 피부가 트러블을 일으키기 쉬운 민감한 상태일 경우에도 주의하도록 한다.

⑦ 정맥류, 혈우병, 부종 등 혈액순환에 관한 질병이 있는 경우에도 주의하도록 한다.

4. 팩, 마스크

팩과 마스크는 피부에 영양물질을 도포 후 일정시간이 경과한 후 제거하여 피부에 유효성분을 침투시키거나 불필요한 피지나 노폐물을 제거하는 피부관리 방법이다. 보통 도포 후에 굳어지지 않는 것을 팩이라 하고 피부에 도포 후 일정시간이 지나면 굳어져 공기가 차단되는 것을 마스크라고 하는데 혼용해서 사용되기도 한다.

1. 팩, 마스크의 효과

① 각질제거 및 노폐물과 피지 제거 ② 피부의 염증 완화
③ 각질층의 유연, 보습 ④ 영양공급 및 재생촉진, 미백효과
⑤ 피부에 적당한 긴장감 부여 및 혈액순환 촉진

2. 팩, 마스크 시술 시 주의사항

① 고객의 알레르기와 폐쇄공포증 유무 등 확인
② 성분, 효능 및 느낌 등을 미리 설명
③ 적용시간 엄수
④ 흘러내리지 않는지 체크
⑤ 세심하게 잘 제거할 것
⑥ 도포 후 경과시간 동안 고객이 불편하지 않도록 배려

3. 팩의 분류

팩은 제거방법에 따라 마르면 필름막이 형성되어 막을 떼어내는 **필오프**peel off **타입**과 크림, 젤, 클레이분말 등으로 되어있어 일정시간 경과 후 물로 씻어내거나 젖은 솜이나 거즈, 해면 등으로 제거하는 **워시오프**wash off **타입**, **크림이나 젤 타입**으로 일정시간 경과 후 티슈로 닦아내는 **티슈오프**tissue off **타입**으로 분류한다.

또한 제형에 따라 증류수로 혼합하여 사용하는 **파우더**powder **타입**과 간편하게 사용할 수 있는 **크림**cream **타입**, 수성의 젤형태로 되어있는 **젤**gel **타입**, 지성피부에 피지 노폐물제거 효과가 뛰어난 클레이성분으로 되어있는 **점토**clay **타입**, 콜라겐이나 활성성분을 건조시켜 증류수나 전용화장수 등의 용액에 적셔 사용하는 **종이**sheet **타입**, 또는 **패치**patch **타입**, 해초에서 추출한 알긴산이 주성분으로 고무처럼 건조되는 **고무**modeling **타입**, 오일을 따뜻하게 데워서 거즈위에 바르는 **오일**oil **타입**, 그 외에도 왁스를 녹여서 거즈위에 발라주는 **왁스**wax타입 등으로 나누어진다.

4. 팩의 종류와 특징

(1) 크림 팩Cream Pack

크림상으로 되어있어 피부상태에 따라 선택하여 피부에 여러 종류를 함께 사용할 수도 있으며 그대로 피부에 도포하여 일정시간이 경과한 후 닦아내므로 사용감이 간편하고 피부에 부담감이 적어 손쉽게 사용할 수 있는 **워시오프 타입**이다.

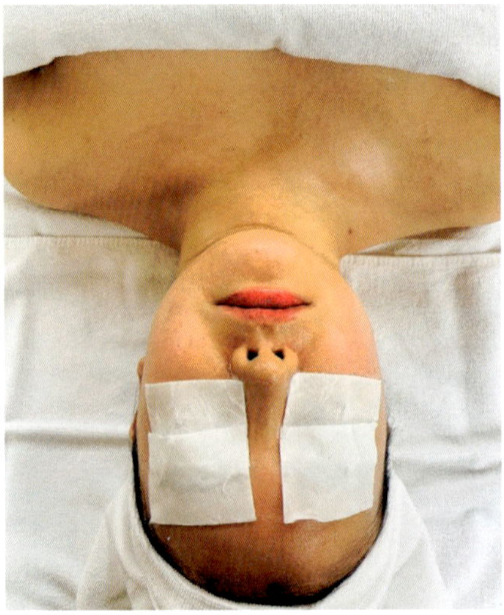

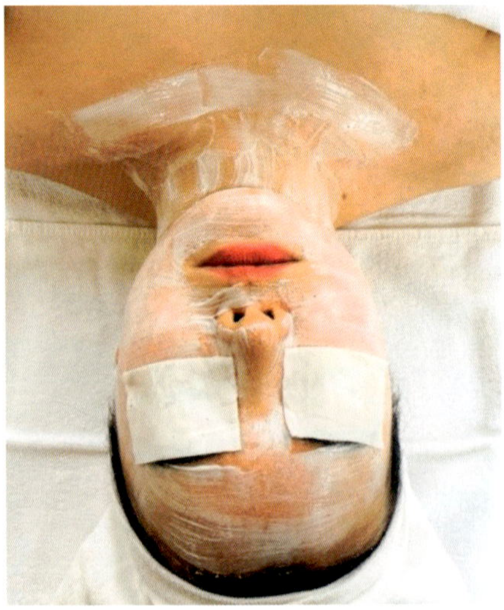

(2) 모델링마스크Modeling Mask

분말형태의 팩제에 증류수를 혼합하여 얼굴에 고루 발라 굳어진 후 그대로 떼어내는 마스크로 해초 추출물인 알긴산이 주성분이다.

① 효과

피부의 노폐물 제거 및 혈액순환, 림프순환 촉진으로 피부의 신진대사를 촉진하고 탄력증진, 보습, 소염, 재생효과가 있다. 건성, 노화, 민감성, 지성피부 등 모든 피부에 효과적이다.

② 주의사항

- 가장자리를 두껍게 하여 잘 제거되도록 한다.
- 제거한 팩제와 팩볼에 남아있는 팩제는 하수구에 버리지 않도록 미리 제거한다.
- 팩제가 흘러내리지 않도록 농도를 조절해서 사용한다.
- 팩 도포 시 눈, 코, 입, 머리속으로 들어가지 않도록 주의한다.

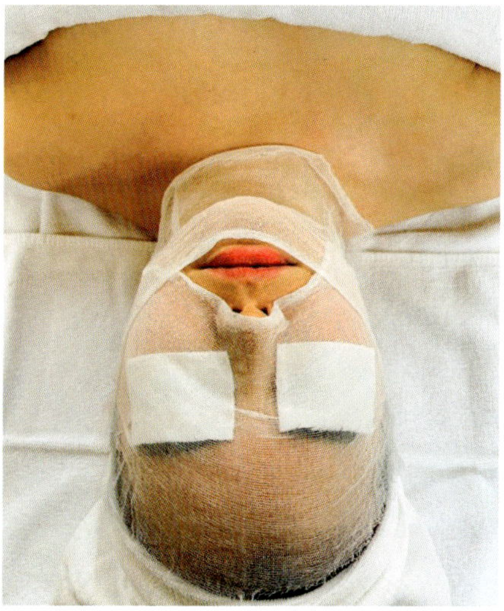

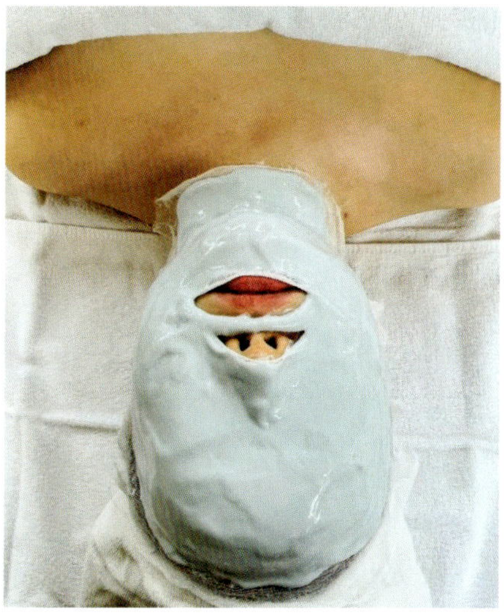

(3) 석고마스크Gypsum Mask

석고마스크는 크리스탈성분, 벤토나이트, 황산칼슘성분이 함유되어 있어 물과 혼합되면서 크리스탈성분의 발열작용에 의해 온도가 상승하여 혈액순환을 촉진시키므로 유효성분의 침투를 돕고 다시 온도가 내려가 피부를 정돈시켜 준다. 열이 나므로 열석고라고도 한다.

석고마스크 중에서 온도가 올라가지 않게 만들어진 냉석고 제품도 있고 롤석고라고 하여 종이에 석고를 입혀 놓은 것으로 물만 적셔 여러 겹으로 얼굴형에 맞추어 편리하게 사용할 수 있는 석고도 있다.

① 효과

- 노폐물 배설을 도와준다.
- 보습작용과 피부재생, 리프팅효과가 있다.
- 주요 성분의 흡수를 도와준다.
- 피부타입에 따라 앰플이나 크림 등 제품을 맞춰서 사용하여 다양하게 효과를 볼 수 있다.

② 주의사항

- 사용 전 폐쇄공포증이 있는지 확인한다.
- 열이 나는 석고마스크는 민감, 모세혈관확장피부, 화농성여드름피부에는 피한다.
- 석고 마스크에 물이 너무 부족하면 바르기 전에 굳어버릴 수 있고 너무 묽으면 흘러내려 마스크의 형태가 잘 만들어지지 않고 고객이 불편해지므로 농도조절을 잘 하도록 한다.
- 1cm 정도의 적절한 두께로 사용하면 효과도 좋고 깨어지지도 않으므로 너무 얇지 않게 사용하도록 한다.
- 열감이 많이 나서 고객이 힘들어하지 않도록 잘 체크한다.
- 석고마스크 후 잔여물이 하수구에 들어가지 않도록 주의한다.

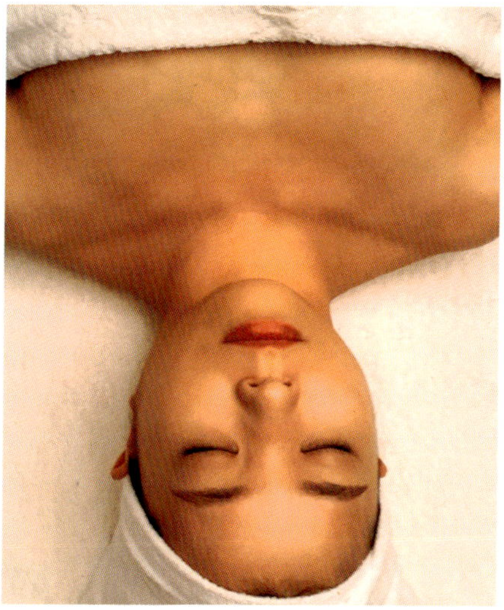
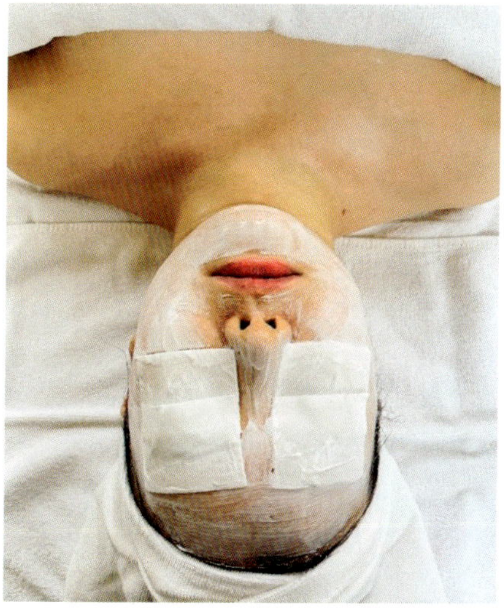
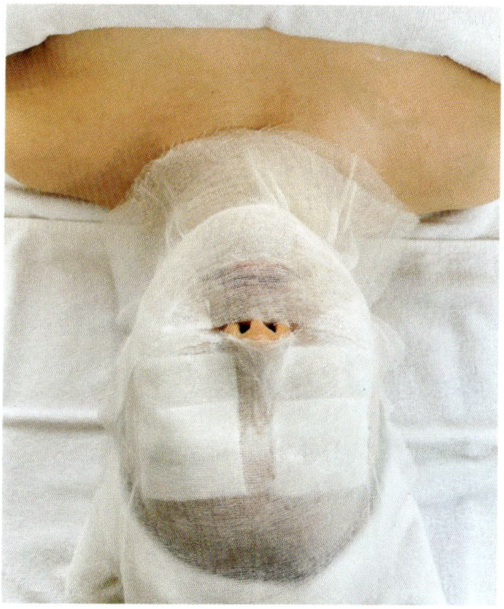
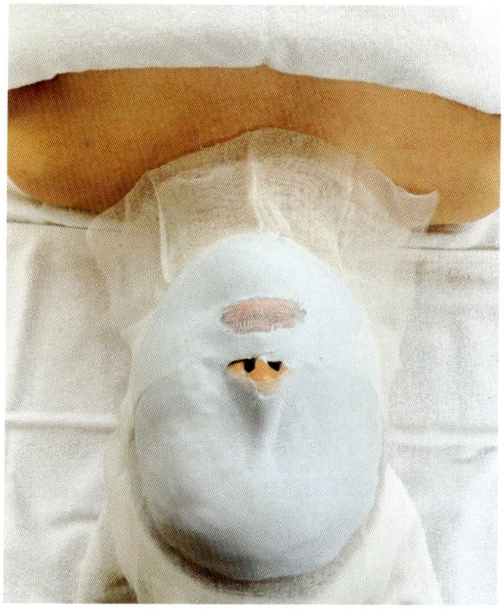

5. 마무리 관리

얼굴관리의 팩, 마스크 관리 후 정리단계와 모든 관리가 끝난 후 긴장된 근육을 이완시키는 마지막 스트레칭관리를 포함하여 마무리관리라고 한다.

마무리관리를 잘함으로써 고객만족도를 상승시킬 수 있다.

Chapter 4

피부의 구조와 생리기능

1. 피부의 구조
2. 피부의 부속기관

Chapter 4

피부의 구조와 생리기능

1. 피부의 구조

① 피부는 인체의 외부 표면을 가장 바깥에서 덮고 있는 기관이며, 우리 몸을 보호해 주고 건강과 생존에 매우 중요한 역할을 담당하고 있다.

② 피부는 표피Epidermis, 진피Dermis, 피하조직Subcutaneous tissue으로 구성되어 있다.

③ 피부의 두께는 부위에 따라 다르지만 표피와 진피를 합한 피부의 평균 두께는 1~4mm이며, 표면적은 여성이 $1.6m^2$ 이고, 남성이 $1.8m^2$이며, 평균 성인 체중의 약 16% 내외이다.

④ 피부는 땀과 피지분비, 체온 조절을 하며, 방수작용과 박테리아의 성장을 억제하는 작용을 한다.

⑤ 촉각, 압각, 통각, 온각, 냉각 등을 감지하고, 비타민 D를 생성, 저장하는 일을 한다.

⑥ 외부의 물리적, 화학적인 자극으로부터 인체를 보호하는 역할을 한다.

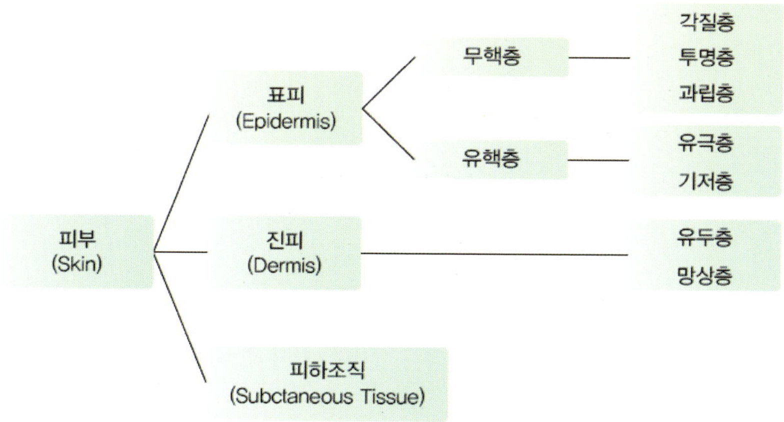

그림 4-1 피부의 분류

1. 표피(Epidermis)

표피는 유해물질이 체내로 침입하는 것을 방어하고 체내의 물질이 밖으로 빠져 나가지 못하게 보호하며 기저층에서 분열된 세포가 각질층으로 밀려 올라와 죽은 각질이 되어 탈락하는 약 28일의 각화과정이 일어난다.

(1) 표피의 구조와 기능

1) 각질층stratum corneum, Horny layer

① 피부의 가장 바깥층에 위치하고 있으며, 벽돌과 같은 라멜라lamella 구조로 되어있다.

② 핵이 없는 죽은 무핵세포로 납작한 비늘 모양으로 되어 있다.

③ 약 20개 정도의 층을 이루고 있으며, 개인의 피부 유형과 피부 상태에 따라 다소 차이를 보인다.

④ 수분함량은 대략 10~20% 정도, 10%이하로 떨어질 경우 피부 건조 및 거칠어짐, 예민 증상이 나타난다.

⑤ 각질층의 수분함량은 피부표면의 탄력성 유지 및 피부손상 방지에 매우 중요하다.

⑥ 주성분은 케라틴keratin 58%, 각질세포간 지질 11%, 천연보습인자N.M.F. 38%로 구성되어 있다.

2) 투명층stratum lucidum, Clear layer

① 핵이 없는 무핵세포로 대략 2~3층으로 구성되어 있다.

② 반유동성인 단백질인 엘라이딘Elaidin이 존재하여, 빛을 차단하고 수분 침투를 방지하며 피부를 윤택하게 해준다.

③ 주로 손바닥이나 발바닥에 잘 발달되어 있고 그 외의 피부에도 매우 얇게 미세하게 존재한다.

3) 과립층stratum granulosum, Granular layer

① 방추형 및 편평하고 납작한 무핵의 과립세포, 대략 2~5층으로 구성되어 있다.

② 실질적인 각질화 과정이 처음 시작되는 세포층이다.

③ 유황단백질을 함유하고 있으며 빛의 굴절로 피부를 맑게 유지시킨다.

④ 외부의 침투에 대한 방어막 역할을 하며, 피부 내부의 수분 증발을 막아주어 수분함유량은 약 30% 정도이고 피부 건조를 방지한다.

⑤ 케라틴 단백질이 뭉쳐진 케라토히알린Keratohyalin이라는 과립이 존재한다.

4) 유극층stratum spinosum, Prickle layer

① 표피의 대부분을 차지하는 살아 있는 유핵 세포층으로 5~10개의 가장 두터운 층으로 되어있다..

② 유극층 세포는 과립층 가까이 올라갈수록 세포의 모양이 납작하게 변하고 세포 사이의 공간도 현저히 줄어든다.

③ 가시 모양처럼 다리로 연결되어 있어서 가시층이라고도 한다.

④ 피부의 면역기능을 담당하는 랑게르한스 세포Langerhans cell가 존재한다.

⑤ 세포 사이의 세포간교를 통해 림프액이 흐르고, 표피의 영양공급, 노폐물 배출 및 물질교환이 이루어진다.

⑥ 수분함량은 약 70% 정도이다.

5) 기저층 stratum basale, Basal layer

① 표피의 가장 아래에 위치한다.

② 단층으로 구성되어 있고, 원주형 모양의 유핵세포층이다.

③ 새로운 세포를 생성하고 분열한다.

④ 기저층과 진피층의 사이에 물결 모양으로 경계를 이루고 있다.

⑤ 물결 모양이 깊고 많을수록 젊고 탄력 있는 피부이며 물결 모양이 편평할수록 기능이 저하된 노화 피부이다.

⑥ 산소와 영양분을 모세혈관으로부터 공급받는다.

⑦ 케라티노사이트 각질형성세포는 활발한 세포분열을 통해 새로운 세포를 생성한다.

⑧ 멜라노사이트 멜라닌형성세포가 존재하며, 피부의 색을 결정해 준다.

⑨ 메르켈 세포 Merkel cell가 존재하여 촉각을 담당한다.

⑩ 수분함량은 약 70% 정도이다.

⑪ 각질형성세포와 멜라닌형성세포는 약 4 : 1 또는 10 : 1의 비율로 분포되어 있다.

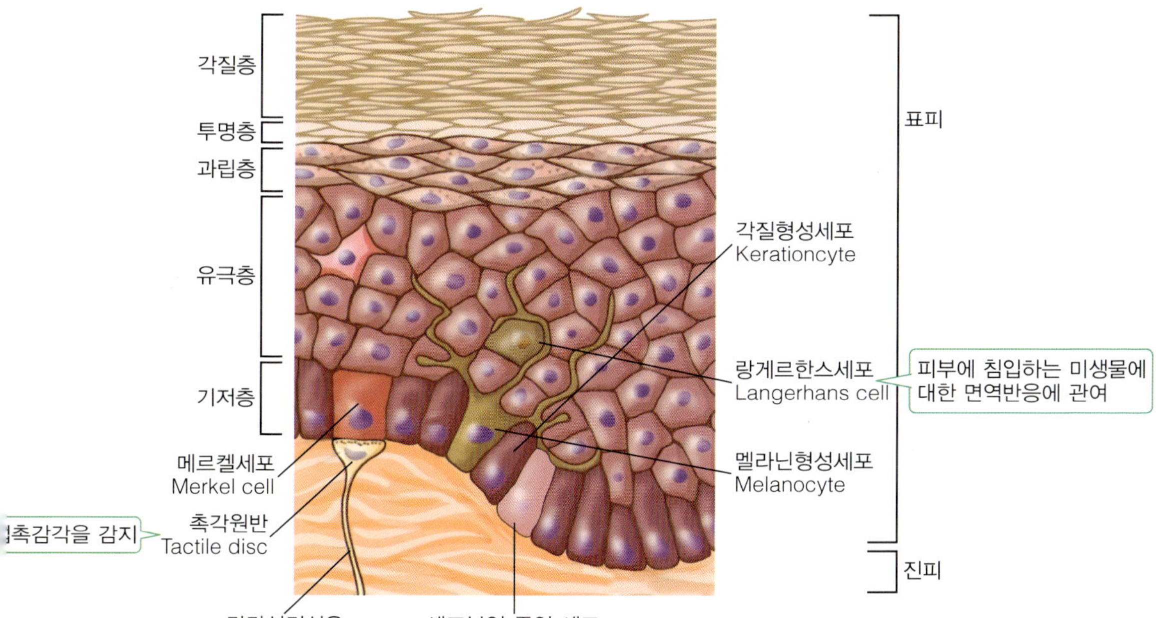

그림 4-2 표피의 구조

(2) 표피의 주요 구성세포

1) 각질 형성세포 Keratinocyte

① 표피를 구성하는 세포의 약 90% 이상을 차지한다.

② 각질형성세포의 약 10%는 줄기세포로 존재한다.

③ 기저층에서 생성된 기저세포가 각 단계를 거쳐 각질층까지 이동되는 과정을 각화과정이라고 한다.

④ 각화과정은 약 28일 정도이다.

2) 멜라닌 형성세포 Melanocyte

① 표피를 구성하는 세포의 약 4~10% 차지하고 있다.

② 멜라닌형성 세포의 수지상 돌기는 많은 각질형성세포와 이웃하고 있다.

③ 멜라닌 세포는 이웃하고 있는 각질세포에 옮겨져 피부에 색소를 저장한다.

④ 인종, 성별에 관계없이 멜라닌 세포 수는 동일하다.

⑤ 기저층에 위치하여 자외선으로부터 피부손상을 막아 주는 보호기능을 한다.

3) 랑게르한스 세포 Langerhans cell 면역세포

① 표피 세포의 약 2~8%를 차지한다.

② 가시 모양의 세포질 돌기를 가진 수지상 세포로 주로 유극층에 존재한다.

③ 면역 반응, 바이러스 감염 방지에 중요한 역할을 한다.

4) 메르켈 세포 Merkel cell, 촉각, 인지 세포

① 기저층에 위치한다.

② 신경섬유의 말단과 연결되어 있다.

③ 신경의 자극을 뇌에 전달하는 촉각 수용체이다.

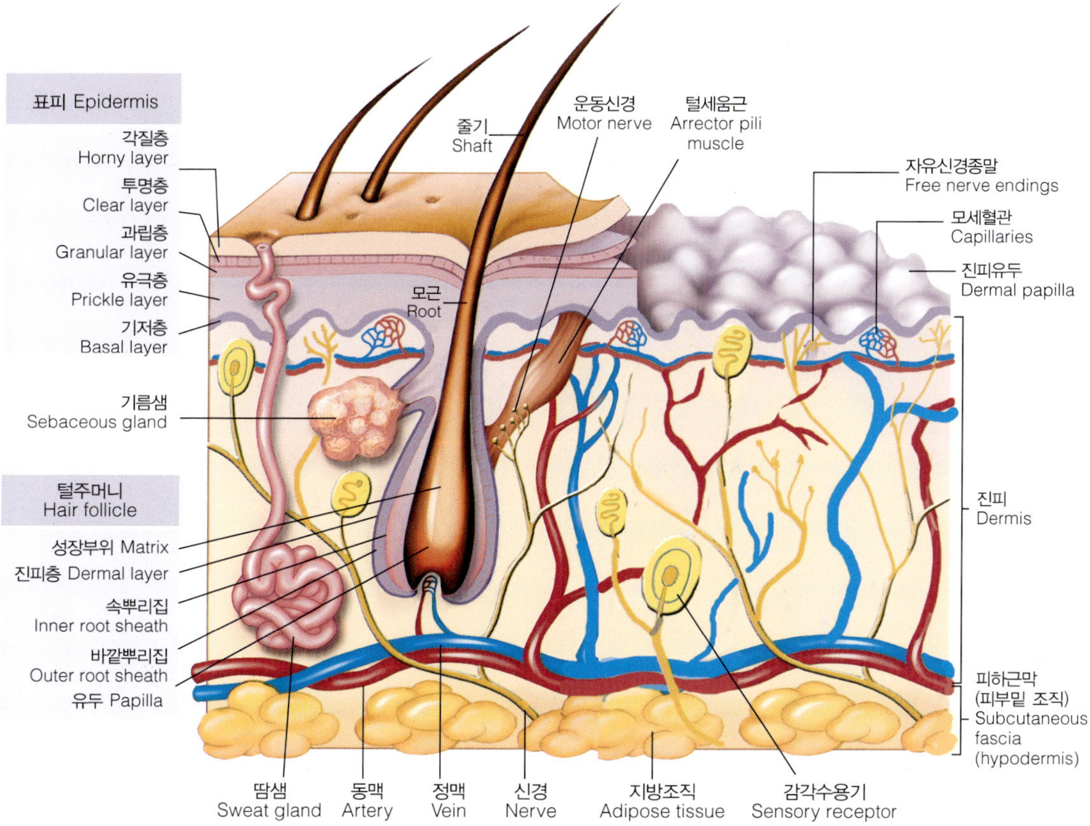
표피 Epidermis
각질층 Horny layer
투명층 Clear layer
과립층 Granular layer
유극층 Prickle layer
기저층 Basal layer
기름샘 Sebaceous gland
털주머니 Hair follicle
성장부위 Matrix
진피층 Dermal layer
속뿌리집 Inner root sheath
바깥뿌리집 Outer root sheath
유두 Papilla
줄기 Shaft
모근 Root
운동신경 Motor nerve
털세움근 Arrector pili muscle
자유신경종말 Free nerve endings
모세혈관 Capillaries
진피유두 Dermal papilla
진피 Dermis
피하근막 (피부밑 조직) Subcutaneous fascia (hypodermis)
땀샘 Sweat gland
동맥 Artery
정맥 Vein
신경 Nerve
지방조직 Adipose tissue
감각수용기 Sensory receptor

그림 4-3 피부의 단면

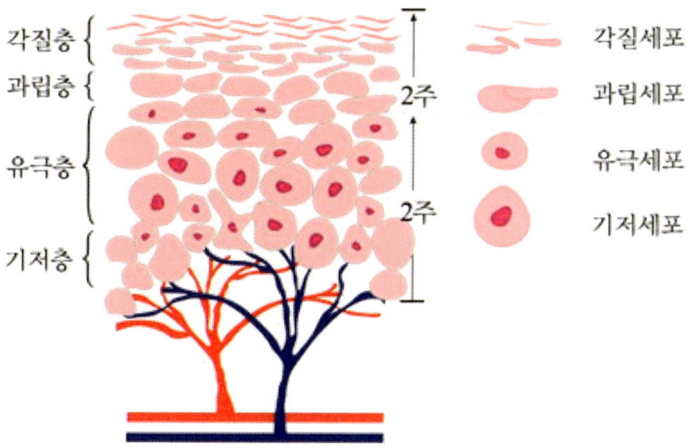
각질층
과립층
유극층
기저층
2주
2주
각질세포
과립세포
유극세포
기저세포

2. 진피(Dermis)

(1) 진피의 구조와 기능

① 표피의 기저층과 피하조직 사이에 위치한 불규칙적 치밀 아포섬유 결합조직이다.

② 피부의 약 90%를 차지하고 있다.

③ 수분함량은 표피의 약 60% 정도이다.

④ 피부의 탄력과 윤기를 유지해 준다.

⑤ 피부의 부속기관인 한선, 피지선, 신경, 림프관, 모발과 혈관, 지각 신경, 입모근 등이 위치한다.

⑥ 진피의 혈관은 표피의 부속기관 부위에 잘 발달해 있다.

⑦ 섬유아세포fibroblast, 콜라겐collagen, 엘라스틴elastin, 기질ground substance, 비만세포mast cell, 대식세포macrophage 등으로 구성되어 있다.

1) 유두층Papillary layer

① 표피의 기저층 밑에 위치한다.

② 전체 진피의 약 10~20% 차지한다.

③ 피부 표피에 요철을 형성하여 개인마다 다른 지문을 형성한다.

④ 신경전달 기능과 감각기관인 촉각과 통각신경이 위치한다.

⑤ 유두층의 혈관은 혈관이 없는 표피에 영양공급과 산소공급 및 신경전달 역할을 한다.

⑥ 세포의 대사활동 능력에 따라 피부 표면의 매끄러움, 탄력, 긴장감이 달라진다.

2) 망상층Reticular layer

① 단단하고 불규칙한 그물 모양의 결합조직으로 되어있다.

② 굵은 교원섬유콜라겐와 탄력섬유엘라스틴가 치밀하게 구성되어 있다.

③ 진피의 약 80~90% 차지하고, 피부의 유연성을 조절한다.

④ 콜라겐과 엘라스틴이 붕괴하면 노화현상이 일어난다.

⑤ 노화가 진행되면 진피의 주성분인 콜라겐이 서서히 감소된다.

⑥ 콜라겐과 엘라스틴, 무코 다당류의 감소는 피부 수분보유상태가 저하되어 주름의 원인이 된다.

⑦ 감각 수용체인 압각, 한각, 온각이 위치하고 있다.

⑧ 모낭, 혈관, 림프관, 신경, 한선, 입모근, 피지선 등이 분포한다.

⑨ 피부의 섬유 배열이 일정한 방향으로 되어있어 피부에 랑게르선Langer's line을 형성한다.

⑩ 콜라겐과 엘라스틴 사이에 무코 다당류가 겔 상태로 분포되어있다.

랑게르선Langer's line

피부는 표피, 진피, 피하조직으로 구성되어 있는데 피부의 탄력은 진피 망상층의 교원섬유와 탄력섬유에 의해 좌우된다. 교원섬유는 콜라겐으로 피부표면과 평행하게 그물처럼 되어있고 그 사이를 탄력섬유인 엘라스틴이 연결되어 피부의 탄력을 유지시킨다.

망상진피의 섬유질이 일정하게 배열되어 있어 우리 몸의 부위마다 결을 이루어 피부의 할선을 만드는데 이것을 랑거선 또는 랑게르선이라고 한다.

수술을 할 때도 랑거선의 방향에 따라 절개하여 상처가 덜 남을 수 있게 한다.

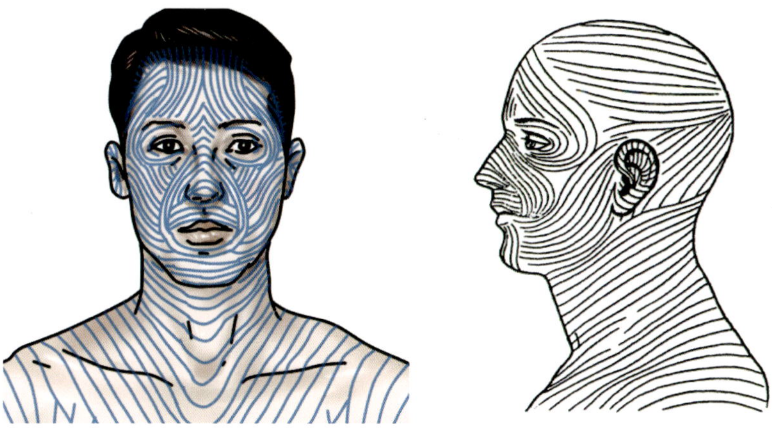

그림 4-4 피부의 할선(랑거선)

교원섬유 콜라겐, Collagen fibers

① 백색인 교원섬유는 인체의 뼈, 인대, 힘줄에 많이 분포되어있다.

② 세포의 성장과 기관의 형성, 생리적 기능을 수행한다.

③ 콜라겐은 진피의 약 90%를 차지하고 있으며 세포와 세포를 연결하는 접착제 역할을 한다.

④ 콜라겐은 자외선으로부터 피부보호, 주름을 예방한다.

⑤ 피부의 수분유지, 장력, 세포성장, 기관의 형성 등 중요한 생리적 기능을 수행한다.

탄력섬유 엘라스틴, Elastic fibers

① 교원섬유에 비해 길이가 짧고 가늘며 고무와 같이 당기면 1.5배까지 늘어난다.

② 진피의 약 2~5% 차지하며 피부에 탄력성을 주는 스프링 역할을 한다.

③ 노화되면 탄력성이 저하하고, 영양결핍으로 위축된 피부가 된다.

④ 황색을 띄며, 각종 화학물질에 대해 저항력이 강하다.

기질 Ground substance

① 진피의 섬유성분과 세포 사이를 채우고 있는 물질이다.

② 주요 성분은 히아루론산Hyaluronic acid, 콘드로이틴 황산Chondroitin sulfate, 헤파린 황산Heparin sulfate 등이다.

③ 친수성 다당체무코다당류로 물에 녹아 있는 점액상태로 되어있다.

④ 히알루론산은 80% 정도의 수분을 끌어당기고, 수분 유지능력이 가장 뛰어나 노화방지 효과가 크다.

⑤ 점도가 높아 다른 조직을 지지하고, 세포를 섬유성분과 연결하여 증식, 조직 재생, 분화 등에 영향을 준다.

비만세포 Mast cell

① 피부나 대장을 둘러싸고 있는 결합조직에 분포한다.

② 히스타민이 모세혈관 확장을 유도해 피부에 붉음증을 유발한다.

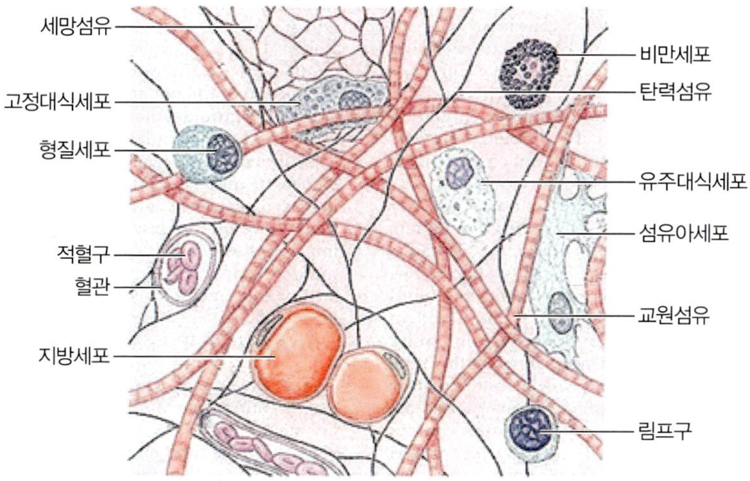

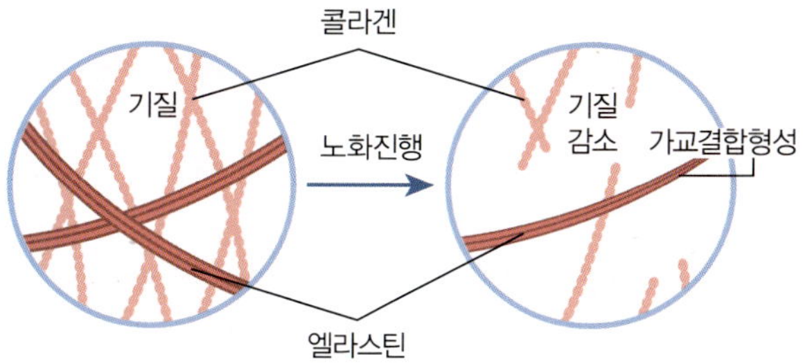

피부의 감각 skin[cutaneous] sensation

물체가 피부에 닿으면 피부의 감각점에서 이를 자극으로 받아들이고, 이 자극은 피부 감각신경을 통해 대뇌로 전달되어 감각을 느끼게 된다.

물체가 피부에 닿으면 피부의 감각점에서 자극으로 받아들인다. 이들 수용체는 지속적인 자극에 대해 감각이 둔화되거나 그 자극에 적응한다.

온도감각은 피부에서 열수용체와 냉각수용체로 분리되어 있다.

통증은 유해자극이 가해질 때 방어하는 생리적 감각으로 피부, 심부, 내장 등 신체 거의 모든 부분에서 느껴진다. 감각점이 많이 분포되어 있는 곳은 입술과 손이다.

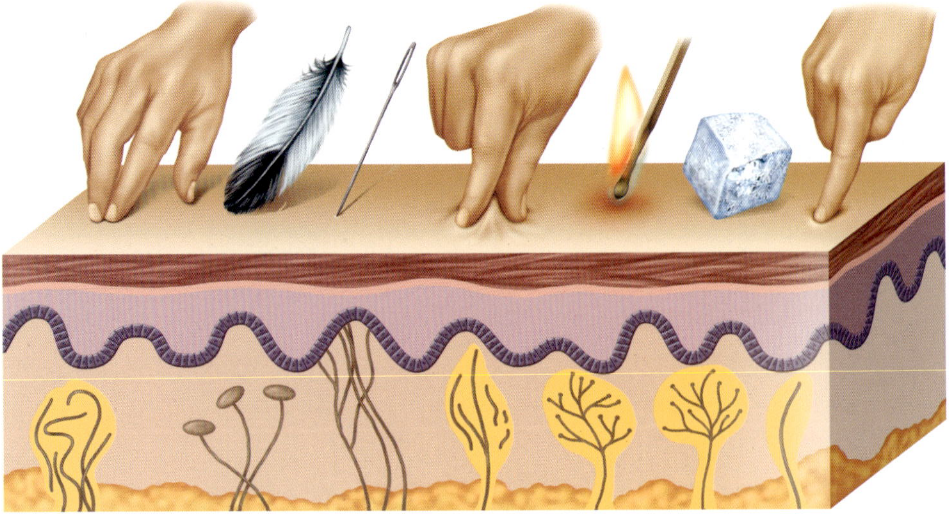

그림 4-5 촉감의 유형

① **촉각**Touch 촉점: 촉각수용체는 촉각소체tactile corpuscles라고 부른다. 피부표면 가까이와 손끝에 집중되어 있으며, 혀끝에도 있다. 깃털이 닿거나 스치는 것과 같은 약한 접촉 자극도 매우 민감하게 감지한다.

② **압각**pressure sense 압점: 손으로 누르거나 압박을 가하는 것과 같은 압력을 감지하며 피부 깊숙이 자리 잡고 있다.

③ **냉각**cooling 냉점: 이전보다 차가와짐을 느끼고 온도가 낮아지는 변화를 감지한다. 크라우제 소체

④ **온각**heat pain 온점: 이전보다 따뜻함을 느끼고 온도가 높아지는 변화를 감지한다. 라피니 소체

⑤ **통각**sense of pain 통점: 매우 강한 자극을 받아들여 통증을 느끼고, 열, 강한 압력, 화학 물질 등을 감지한다.

감각점의 수 1cm²당

통점 100~200 > 압점 25~50 > 촉점 25 > 냉점 6~23 > 온점 0~3,

피부

피부 감각의 특징

① 감각점은 주로 진피에 분포한다.

② 감각점은 내장기관에도 분포되어 있다.

③ 닿는 물체가 클수록 감각을 더 잘 느낄 수 있다.

④ 감각점은 몸의 각 부분에 따라 다르게 분포한다.

⑤ 압각, 온각, 냉각의 자극이 심하면 통각으로 느껴진다.

3. 피하조직(Subcutaneous tissue)

① 진피와 뼈, 근육 사이에 존재하고, 피부의 가장 아래에 위치한다.

② 밀고, 잡아당기는 성질을 지닌 그물 모양의 느슨한 결합조직이다.

③ 혈관, 림프관, 신경관 등이 함께 연결되어 있으며, 열 차단, 충격을 흡수하는 쿠션역할, 영양소 저장을 한다.

④ 성별, 연령, 신체의 영양상태, 부위에 따라 분포와 두께가 다르다.

⑤ 등과 엉덩이에 가장 많이 분포, 코 부위에는 가장 적게 분포되어 있다.

⑥ 피부 표면이 오렌지 껍질처럼 울퉁불퉁한 셀룰라이트가 생기기 쉽다.

⑦ 여성 호르몬과 관계가 있으며, 신체의 곡선미 부여, 지방 축적의 차이에 따라 체형이 결정된다.

⑧ 여성이 남성보다 두꺼우며, 중년으로 접어들면 더 두꺼워진다.

2. 피부의 부속기관

1. 피지선(Sebaceous gland)

① 피지선은 진피층의 입모근 바로 위에 위치하고 있다.

② 작은 주머니 모양 꽈리 모양을 하고 있으며, 모공을 통해 분비된 피지는 한선에서 분비된 땀과 함께 피부표면에 피지막을 형성한다.

③ 주로 안면과 두피에 풍부하게 분포되어 있으며 손바닥·발바닥을 제외한 전체 피부에 분포되어 있다.

④ 피지선의 수는 몸의 위치에 따라 다르며 머리카락이 난 부분, 얼굴, 가슴, 등, 팔·다리 순으로 많이 분포되어 있다.

⑤ 피지선은 모낭에 연결되어 있으나, 피부 표면에 피지를 분비하는 독립피지선도 있다.

⑥ 독립피지선은 구강점막, 안검, 입술 경계부위, 유륜 등에 분포되어 있다.

⑦ 피지선은 사춘기에 최고로 발달하고 노화됨에 따라 서서히 퇴화한다.

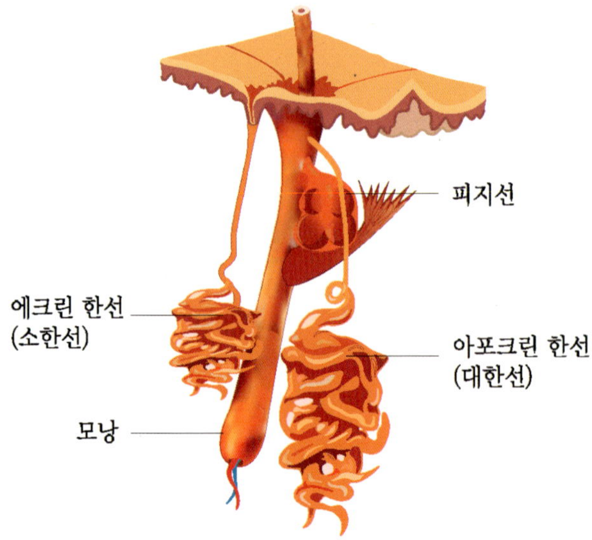

2. 한선(땀샘, Sweat gland)

(1) 소한선 에크린선, Eccrine sweat gland

① 진피의 망상층과 피하조직 사이에 위치하며 피부 표면까지 연결되어 있다.

② 무색, 무취의 액체로 대한선보다 분비물의 농도가 묽다.

③ pH가 3.8~5.6의 약산성으로 세균번식을 억제한다.

④ 소한선에서 분비된 땀은 우로카닌산을 함유하고 있어 자외선으로부터 피부를 보호하고 수분을 보유해 주므로 피부 보습능력 향상 및 노폐물 배설을 도와준다.

⑤ 열의 발생과 손실의 균형을 이루어 일정한 체온을 유지해 준다.

⑥ 거의 모든 피부에서 관찰되며 손바닥, 발바닥, 이마, 겨드랑이에 가장 많이 분포되어 있다.

⑦ 손바닥·발바닥의 미끄럼을 방지하고 부착성을 향상시켜 준다.

(2) 대한선 아포크린선, Apocrine sweat gland

① 진피의 깊숙한 곳에 분포하고 있으며, 모낭의 상부에 연결되어 모낭을 통해 피부로 배출된다.

② 소한선보다 크기가 크며 유기물을 다량 함유한 분비물이 배출되는데 이 분비물의 농도는 짙고 끈적거림이 있다.

③ 피부 표면에 도달하기까지는 냄새가 없으나, 피부 표면에서 세균에 의해 냄새가 난다.

④ 이를 개인 특유의 체취 또는 액취증이라고 한다.

3. 모발(Hair)

① 인체의 최외벽에 해당하는 피부 부속기관으로, 인종이나 개인에 따라 형태와 색이 다르며, 형태에 따라 직모, 반곱슬모, 곱슬모로 나누어 진다.

② 모발은 섬유성 단백질로 이루어져 있으며 직모의 단면은 원형이고 반곱슬모는 타원형, 곱슬모는 납작한 모양을 하고 있다.

모발은 손바닥·발바닥, 입술 그리고 눈꺼풀을 제외한 거의 모든 전신에 분포되어 있다.

모발은 한 가닥마다 각기 다른 성장주기를 가지고 있으며 성장기, 퇴화기, 휴지기를 거쳐 탈모가 일어나며 새로운 모발이 생성되는 모주기가 반복된다.

모발의 수명은 짧게는 몇 개월, 길게는 몇 년에 이르며, 여성의 경우 대략 4~6년, 남성의 경우는 대략 3~5년 정도이다.

하루에 0.03~0.05mm, 한 달에 약 1~1.5cm 정도 자란다.

모발의 모구에 모여있는 신경과 혈관들을 통해 혈액으로 영양을 공급 받아 모발이 성장하게 된다.

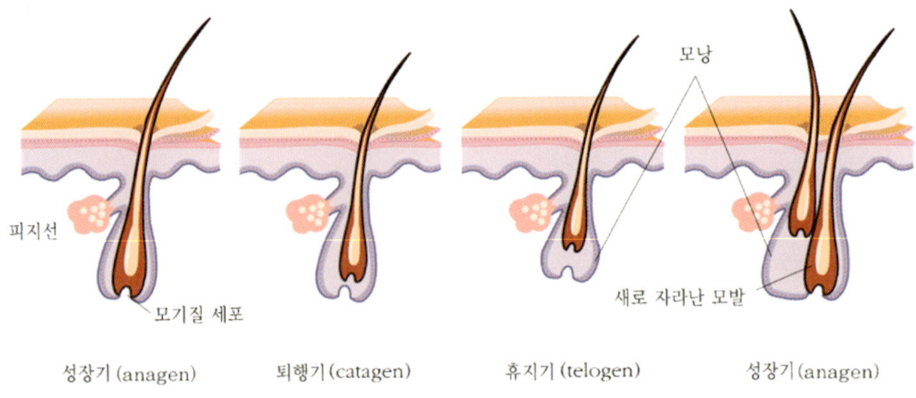

4. 조갑(손톱, 발톱, Nails)

① 손가락·발가락 끝부분에 생긴 케라틴단백질이 주성분인 각질의 판이며, 매일 자라고 있다.

② 눈으로 보이는 각질세포부분을 조체라 하고 조갑의 바닥을 조상이라고 하며, 조갑의 둘레에 있는 피부는 조소피 cuticle이며, 조상의 일부분인 조모에서 세포분열이 일어나 하루에 약 0.1mm 조갑이 계속 자라난다.

③ 조모의 앞쪽에 있는 반달처럼 생긴 부분은 조반월이며, 이것은 조모가 새로 자라난 조갑 조직이 아직 충분히 각화되지 못한 부분이다.

④ 손톱의 모양은 나이와 건강 상태에 따라 차이가 있으며 수분은 약 7~12%, 유분은 약 0.15~0.76mm 함유되어 있다.

⑤ 손톱의 변화, 얇고, 약하고 거친 손톱, 모양의 변화는 대사질환, 철분부족, 비타민 결핍, 흡수장애와 혈액순환부족, 빈혈 등의 원인에 의한 영양 불균형의 경우에 흔히 나타난다.

⑥ 건강한 손톱은 핑크빛으로 탄력과 윤기가 있는 둥근 아치형으로 되어있다. 손톱 밑에 각질 덩어리가 축적되면 손톱이 두터워지는 기형을 초래하고 조상과 손톱이 분리되며, 조상으로부터 수분을 충분히 공급받지 못하거나 빈번한 네일에나멜과 리무버의 사용으로 인해 수분부족으로 조갑의 앞부분이 양파껍질처럼 벗겨지는 현상이 나타나기도 한다.

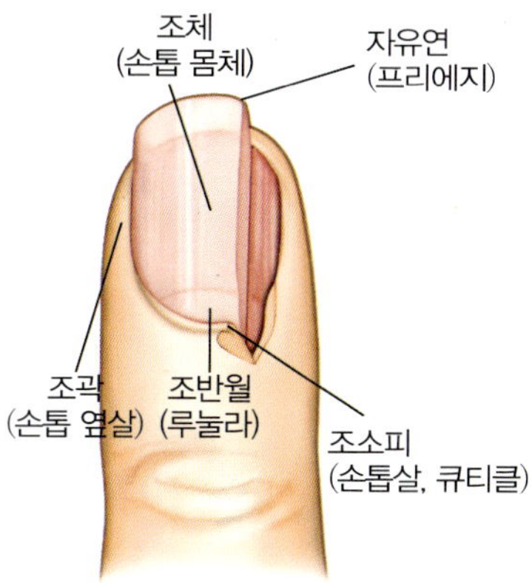

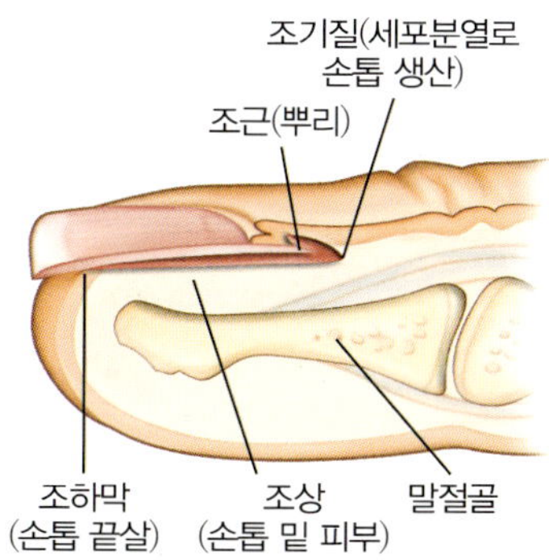

Chapter 5

머슬테라피 실습

1. 클렌징
2. 머슬테라피

Chapter 5

머슬테라피 실습

1. 클렌징

1. 포인트 메이크업 지우기

1

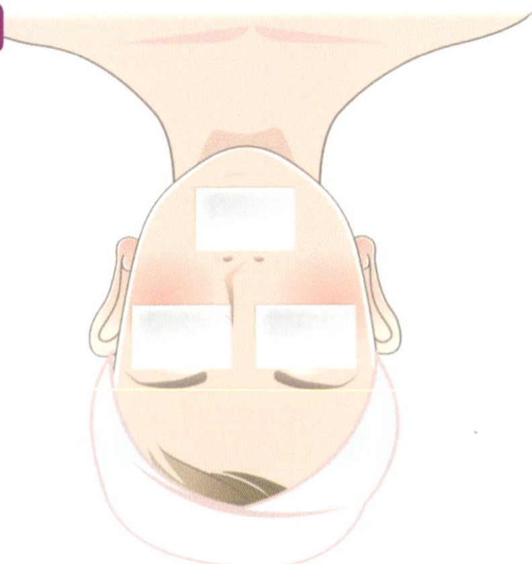

① 손소독을 한다.

② 화장솜 3개에 포인트 메이크업 리무버 제품을 묻힌 후 양눈과 입위에 올려 놓는다.

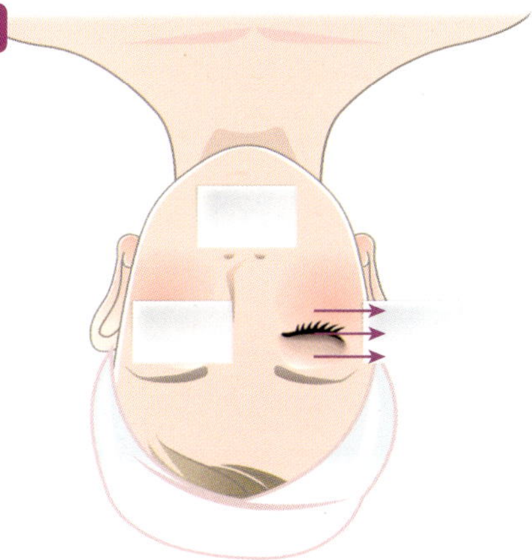

2

오른쪽 눈 위를 텐션을 준 후 오른쪽부터 눈두덩이, 눈썹 부위를 안쪽에서 바깥쪽 방향으로 닦는다.

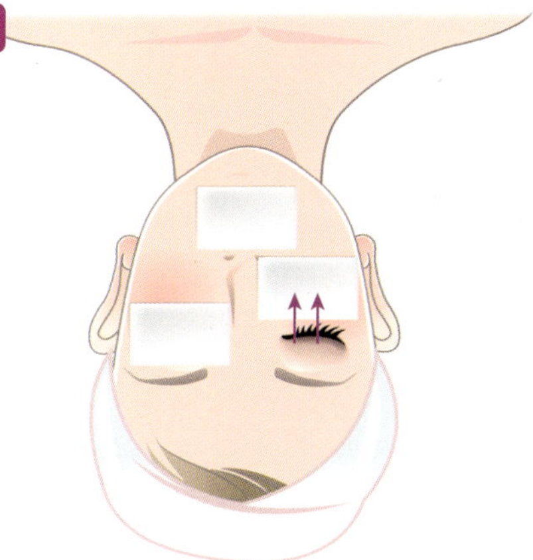

3

① 속눈썹 아래에 젖은 화장솜을 놓는다.

② 메이크업 리무버를 묻힌 면봉으로 속눈썹을 하나하나 쓸어내린다.

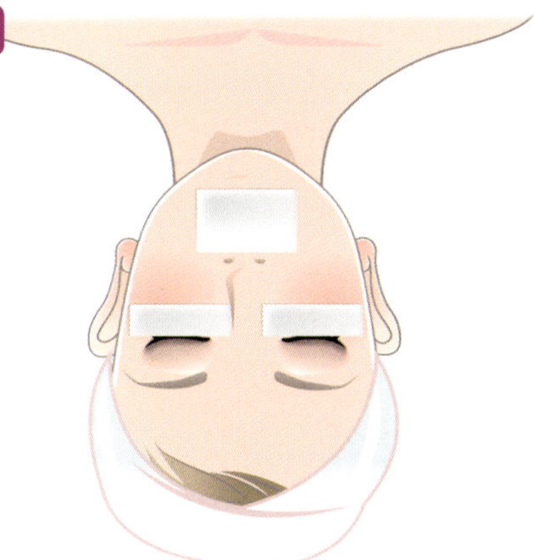

4

① 마스카라를 면봉으로 지운 후 반으로 접어 놓는다.

② 왼쪽도 동일하게 한다.

5

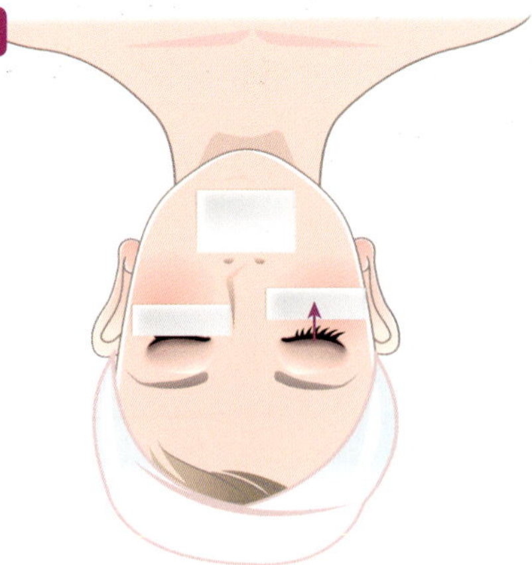

① 오른쪽부터 눈썹이 엉키지 않도록 밑으로 내린다.

② 깨끗이 다 지워지지 않은 경우 제품을 적신 면봉으로 다시 한번 눈 밑, 눈 위, 눈매 좌우 끝을 정리한다.

6

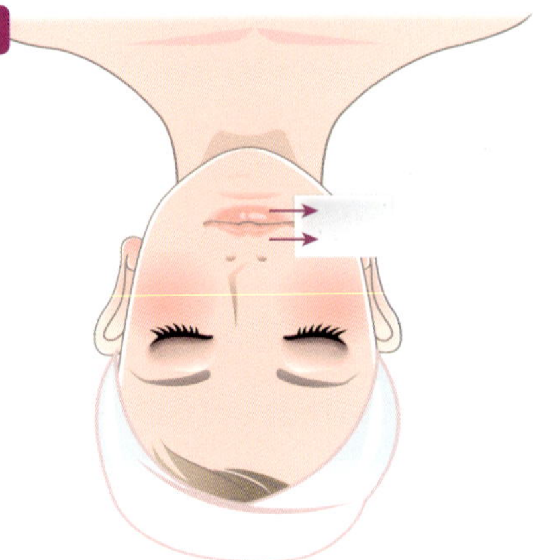

입술 왼쪽에 텐션을 준 후 입술 아래, 위를 오른쪽으로 가면서 닦는다.

7

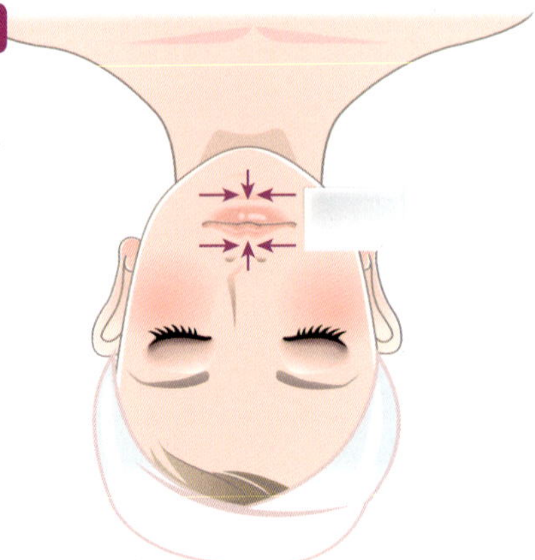

① 깨끗한 젖은 솜으로 입술 안쪽으로 모으면서 닦는다.

② 다 닦이지 않은 부위는 제품을 적신면봉으로 입술 사이사이를 정리한다.

2. 얼굴 클렌징 하기

1

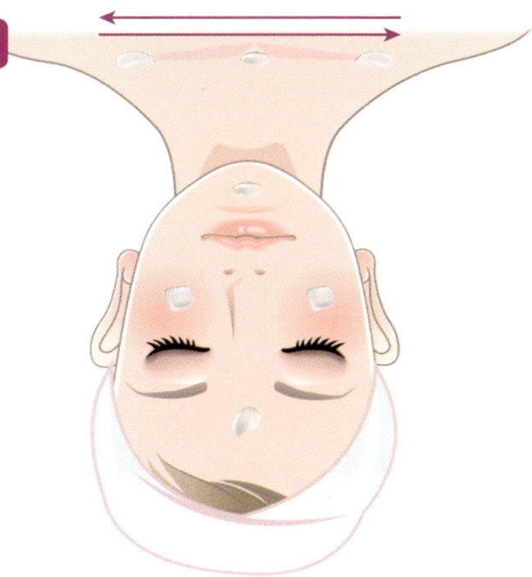

클렌징제품을 이마, 양볼, 턱, 목, 데콜테 부위에 먼저 찍어 놓은 후 나머지는 손바닥에 가볍게 비빈 후 데콜테부터 좌우로 펴 바른다.

2

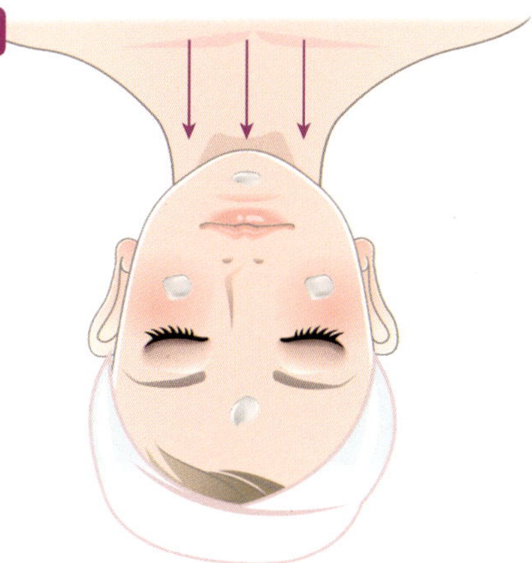

목부위를 아래에서 위로 쓰다듬기 한다

3

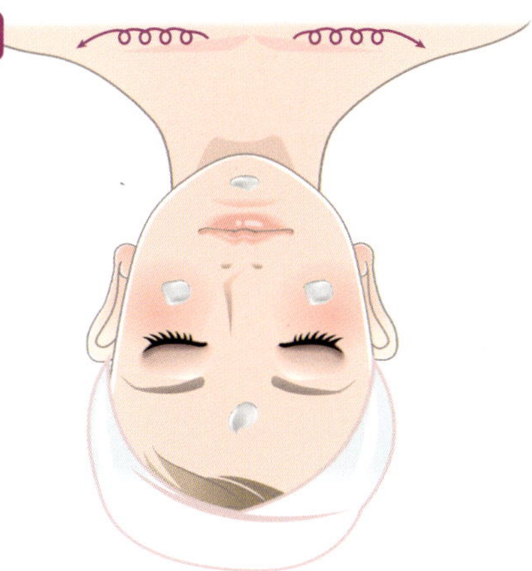

데콜테 부위를 수영 방향으로 굴린다.

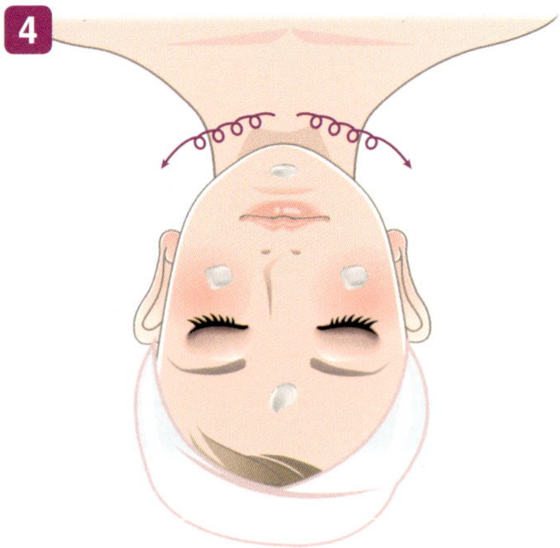

목 부위를 양손바닥으로 둥글게 원을 그린다.

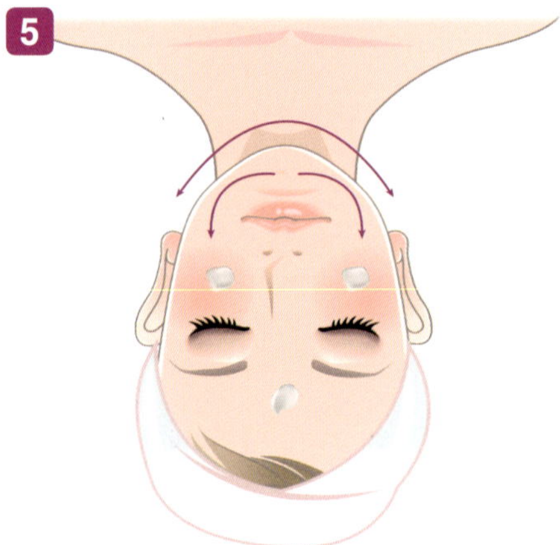

2지와 3지로 턱선의 위아래를 좌우로 펴바른다.

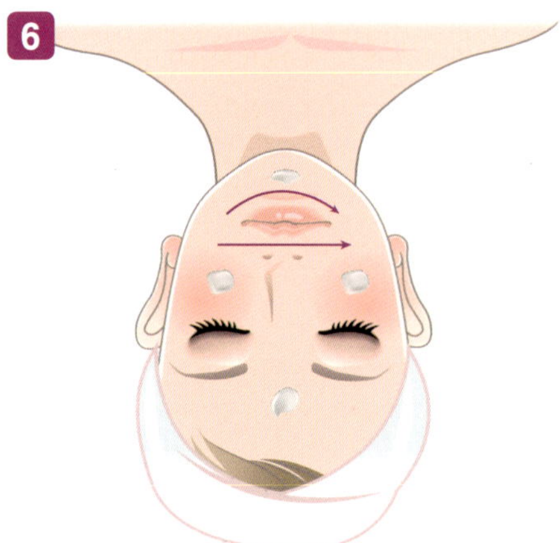

2지와 3지로 인중과 입술 아래를 좌우로 펴바른다.

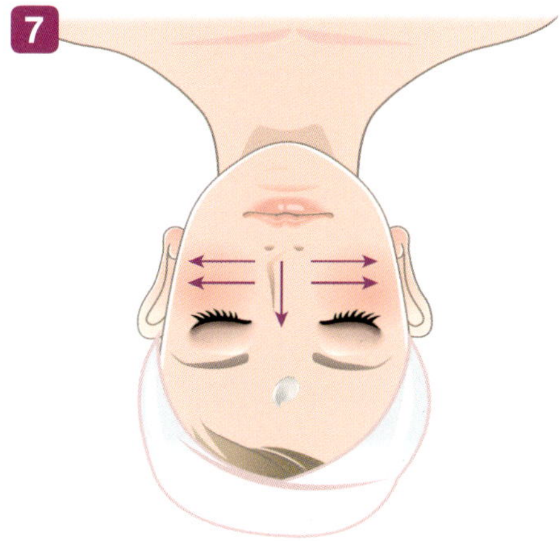

코위, 눈밑을 좌우로 펴바른다.

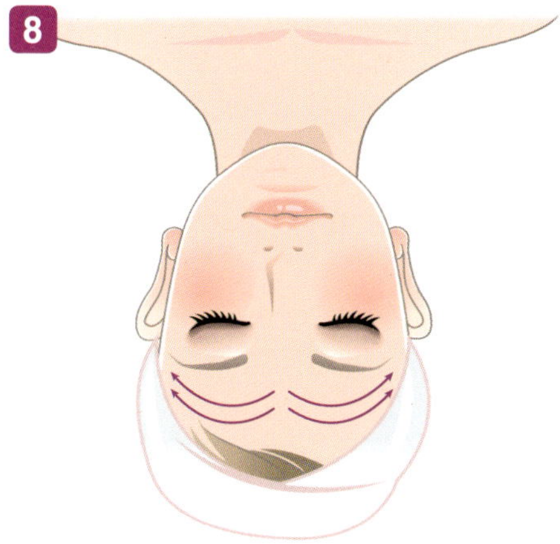

이마를 2등분해서 좌우로 펴 바른다.

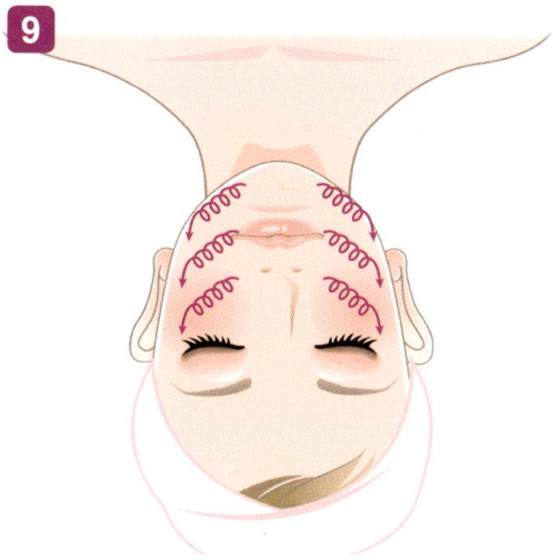

턱에서 귀밑까지 입술에서 귀 중앙까지 코 옆에서 관자놀이까지 원을 그리며 굴린다.

10

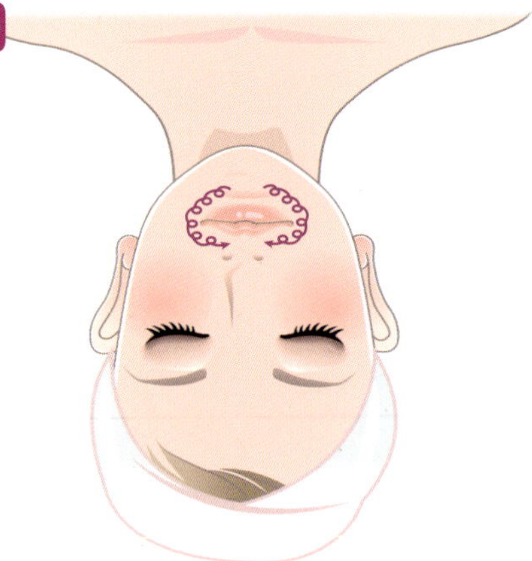

입술 아래 중앙에서 양손으로 원을 그리며 굴린다.

11

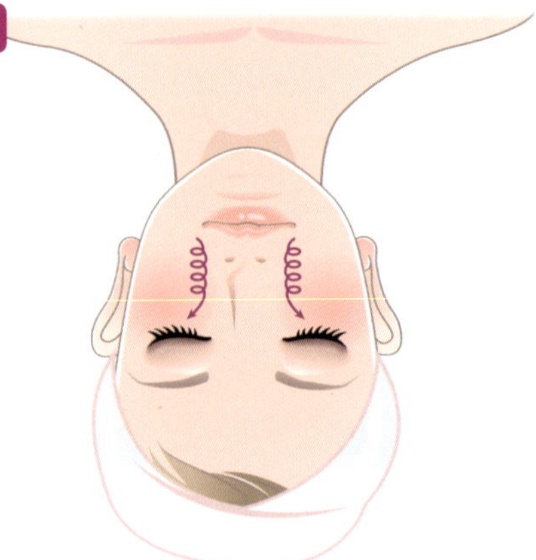

코를 중앙에서 양 옆으로, 코를 위 방향으로 원을 그리며 굴린다.

12

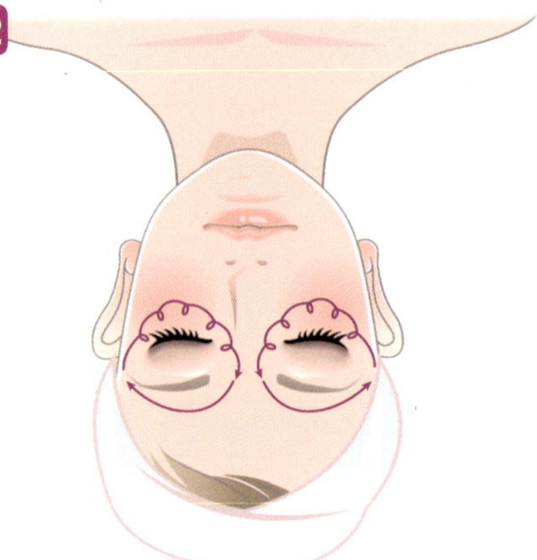

눈 아래를 밖에서 안으로 굴려준 후 코 옆과 눈썹을 지나 관자놀이까지 문지른다.

13

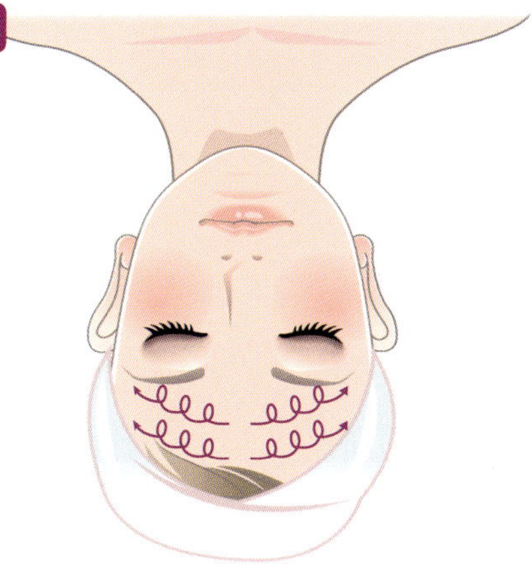

이마를 2등분해서 양손으로 굴린다.

[화장지로 닦기]

14

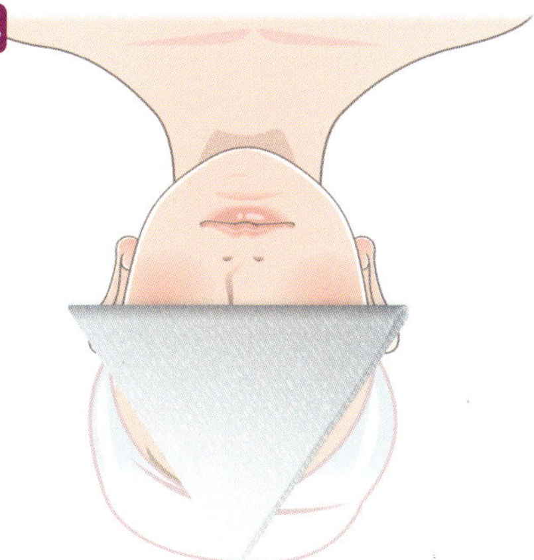

15

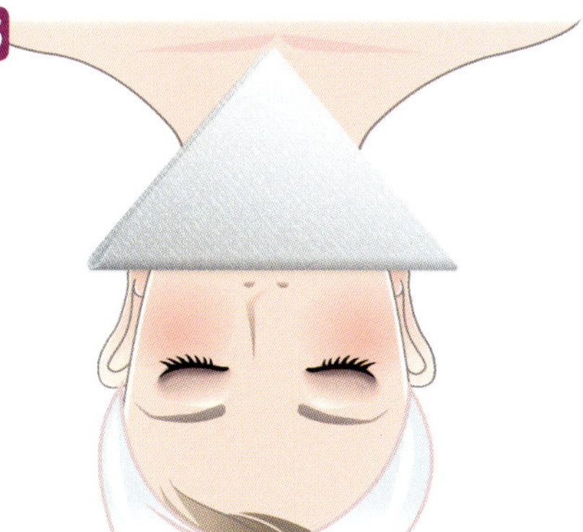

[해면으로 닦기]

16

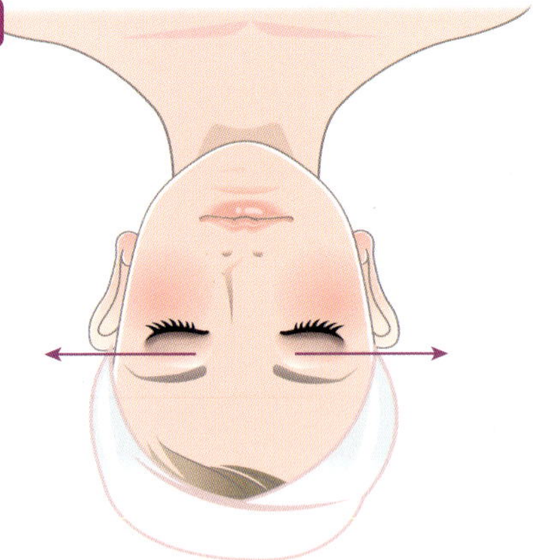

눈을 닦는다.

17

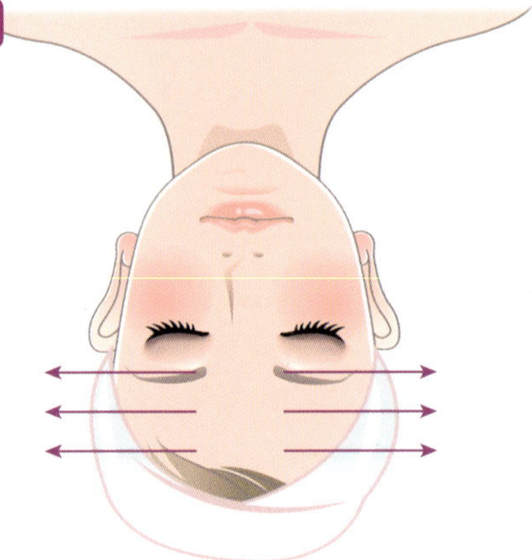

눈썹, 이마 2등분으로 닦는다.

18

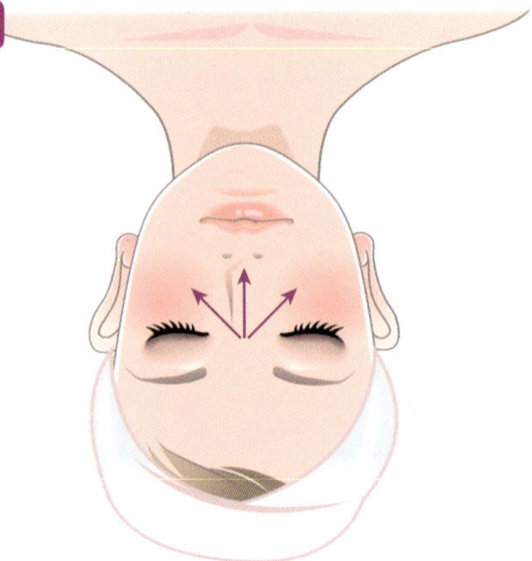

코 중앙, 코 양옆을 아래로 닦는다.

19

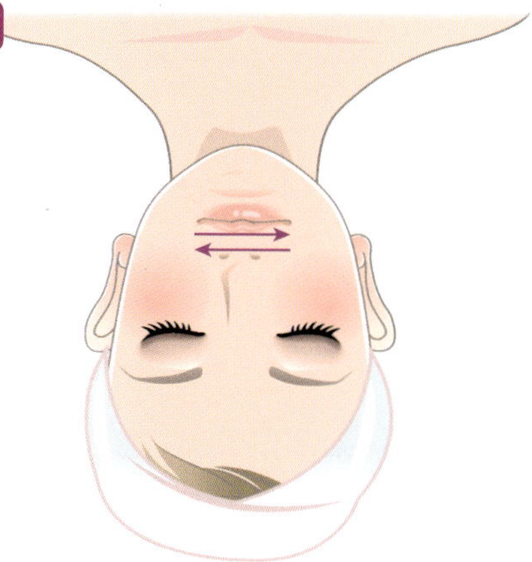

인중을 좌우로 닦는다.

20

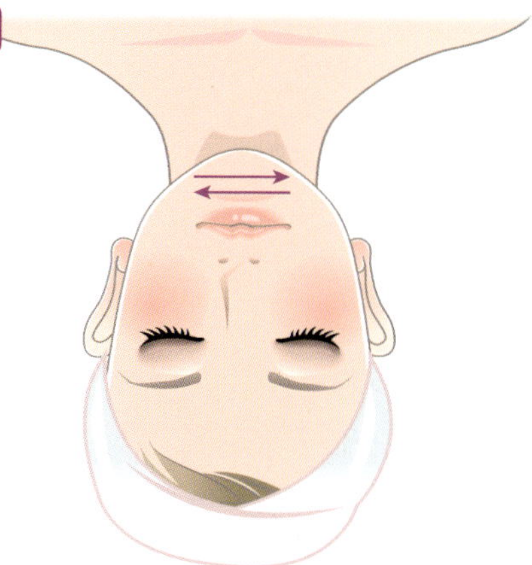

입술 아래를 좌우로 닦는다.

21

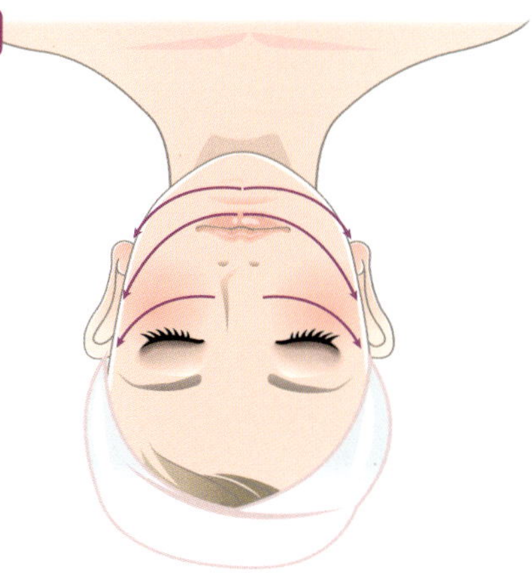

턱 중앙에서 귀 아래로, 입술 끝에서 귀 중앙으로, 코 옆에서 관자놀이까지 움직인다.

22

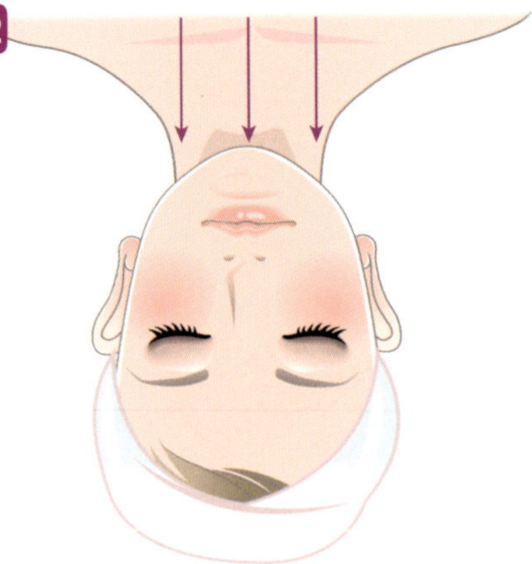

목선을 위로 닦는다.

23

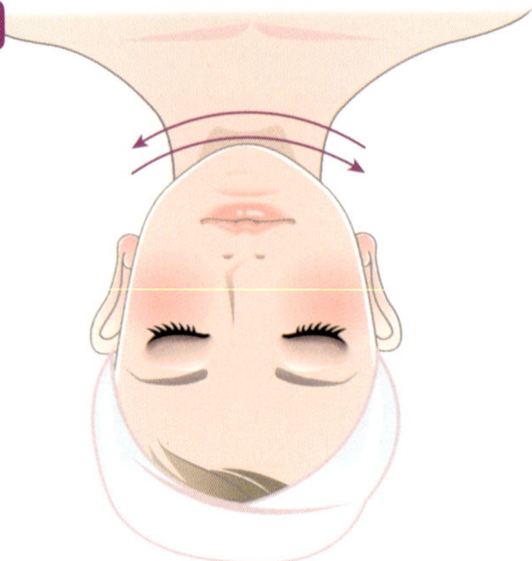

아래턱을 닦은 후 턱과 목의 경계선도 다시 한번 닦는다.

24

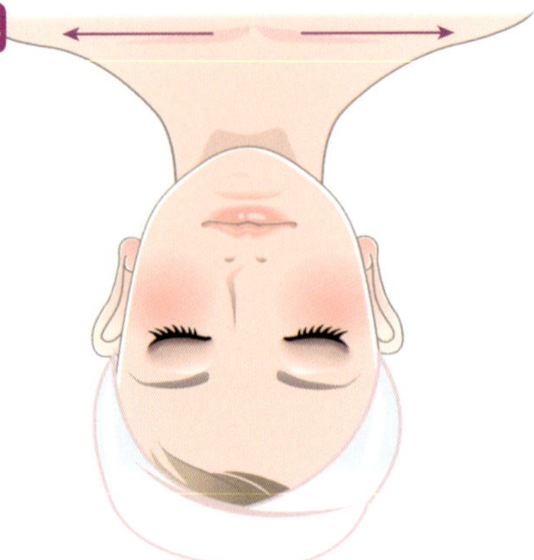

데콜테도 중앙에서 바깥으로 닦는다.

어깨부터 귀 뒤까지 아래부분을 닦는다.

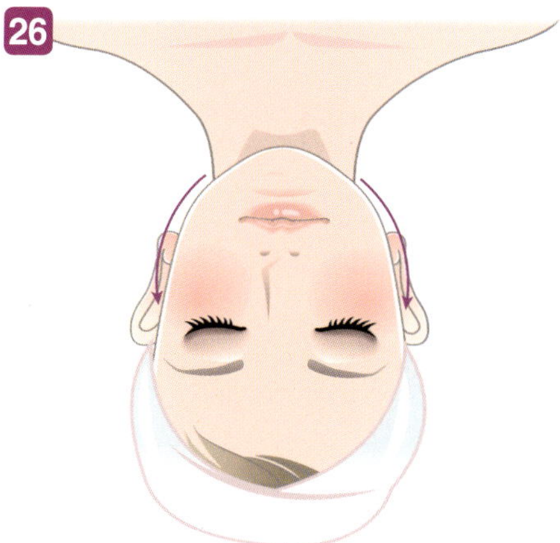

귀 안쪽도 닦는다.

3. 온습포 하기

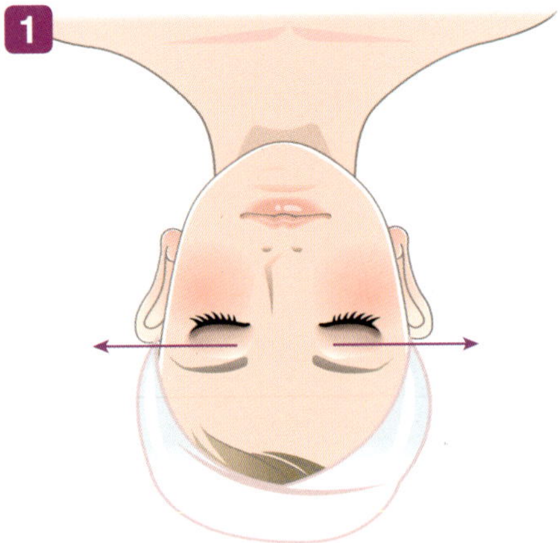

눈을 닦는다

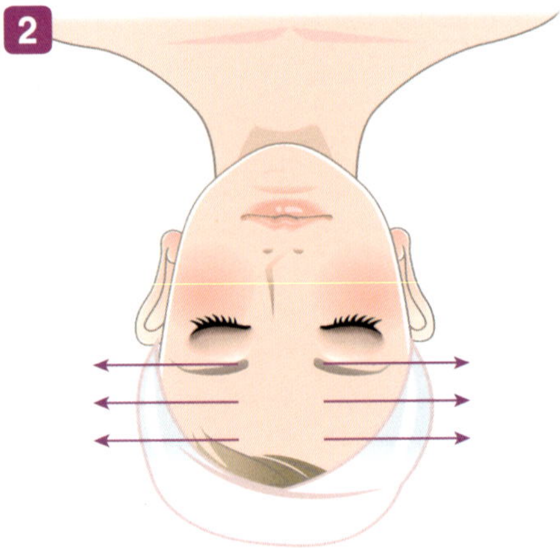

눈썹 이마를 닦는다.

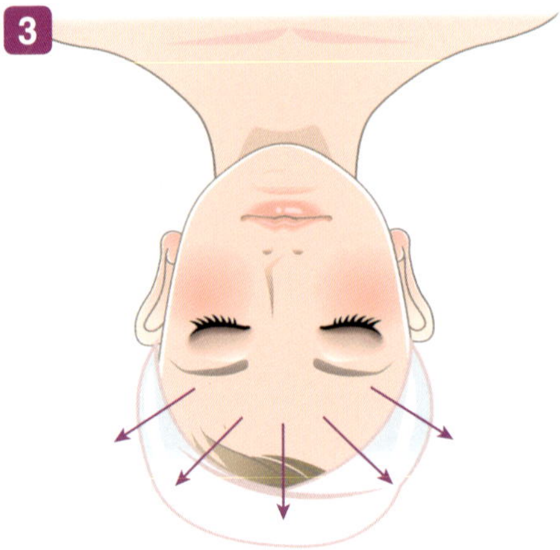

헤어라인 부위를 닦는다.

4

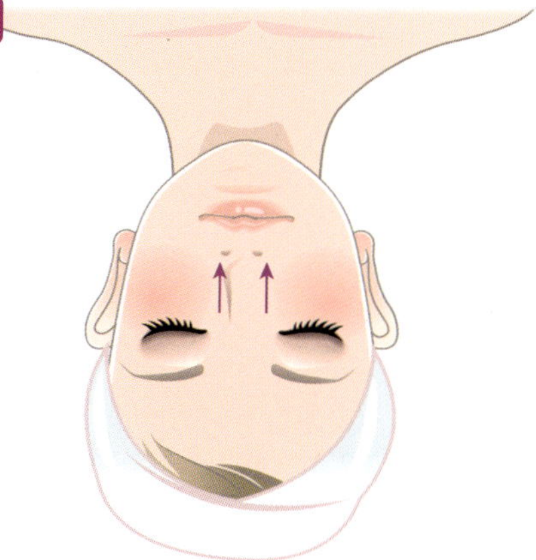

코를 아래로 닦는다.

5

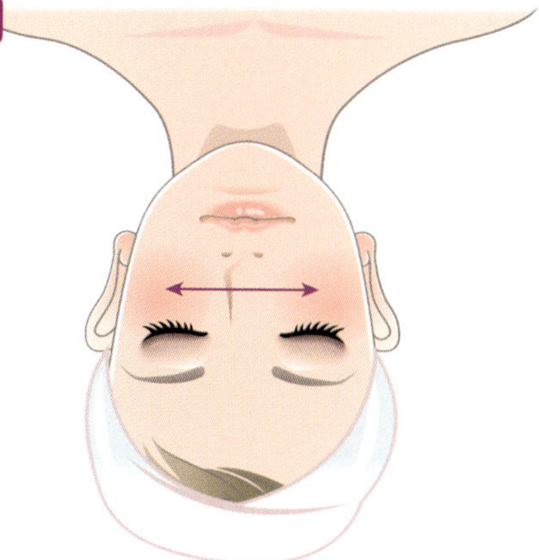

코 양볼을 닦는다

6

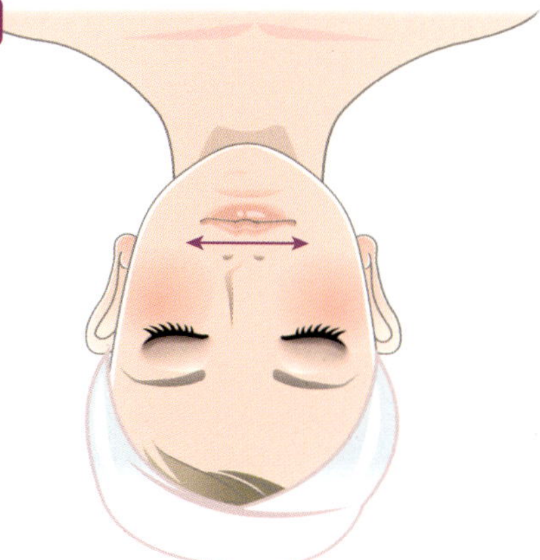

인중을 닦는다.

7

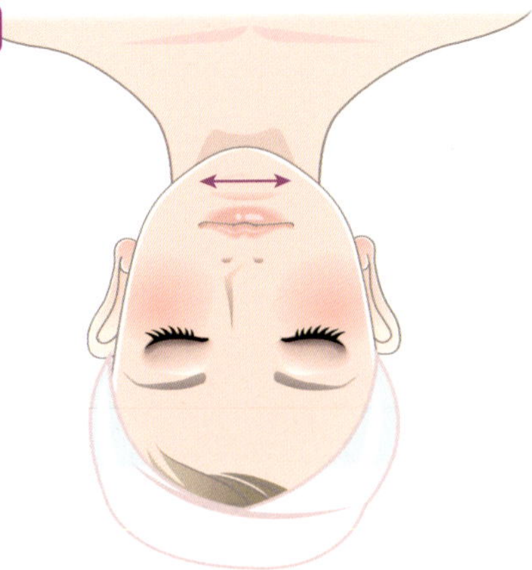

턱 아래를 닦는다.

8

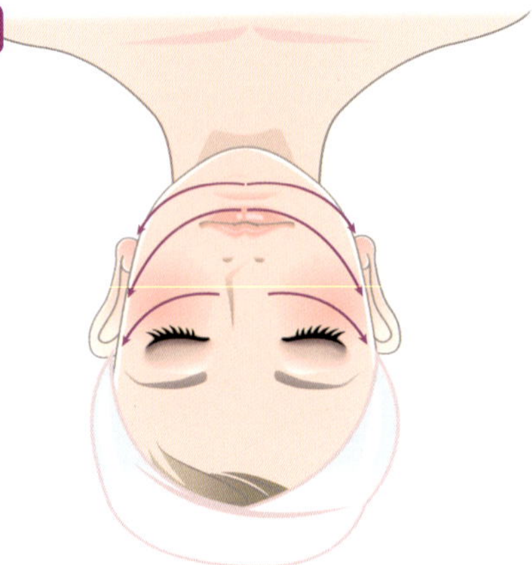

턱 중앙에서 귀 밑으로, 입술 옆에서 귀 중앙, 코 옆에서 관자놀이까지 닦는다.

9

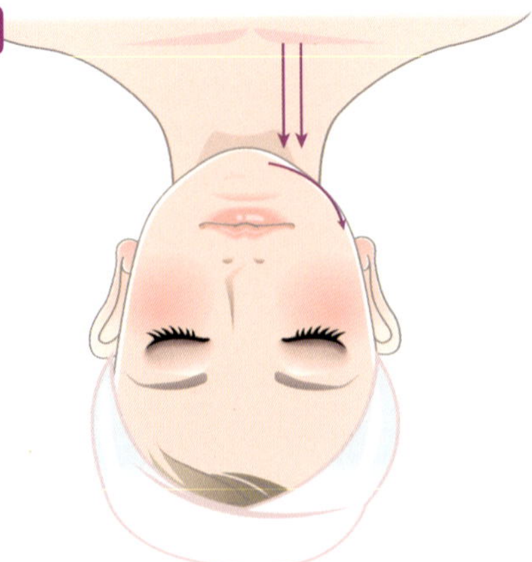

오른쪽 목부위를 중앙에서 목 뒤까지 꼼꼼하게 위로 올리고 턱 아래와 턱과 목의 경계선까지 닦는다.

10

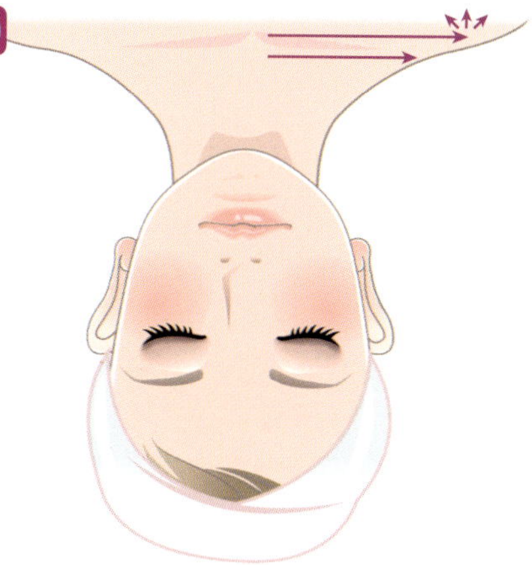

데콜테 부위와 겨드랑이를 오리발 모양으로 3회 닦는다.

11

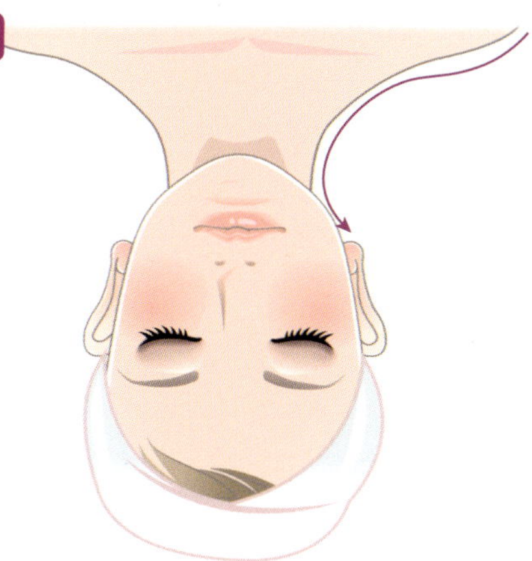

어깨부터 귀밑까지 보이지 않는 부위까지 닦는다.

12

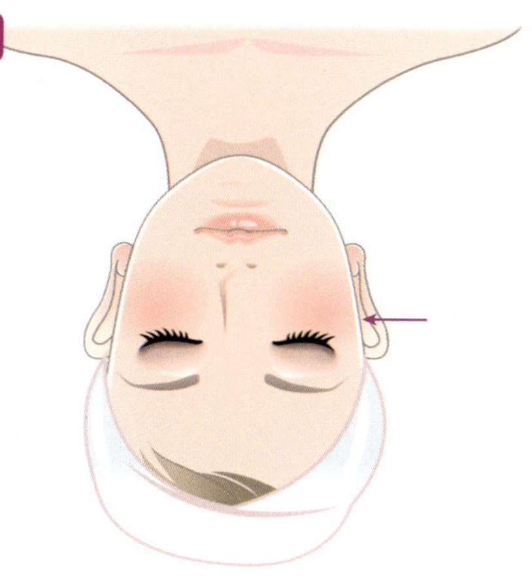

귀 안쪽을 닦는다.

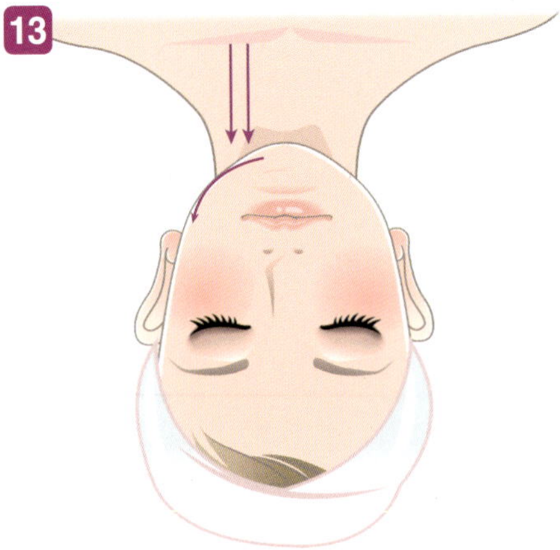

왼쪽도 동일하게 한다.

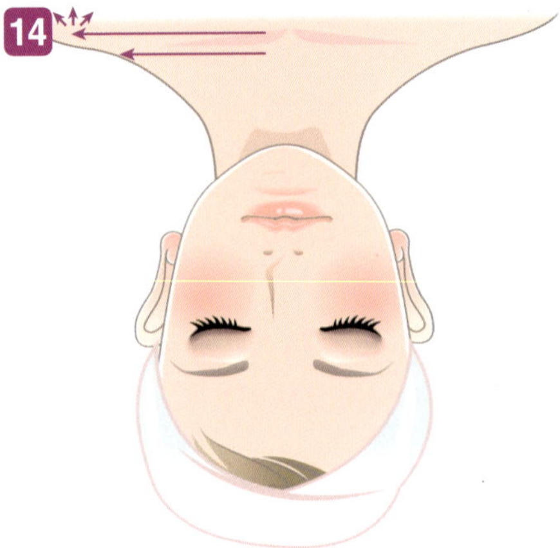

왼쪽도 동일하게 한다.

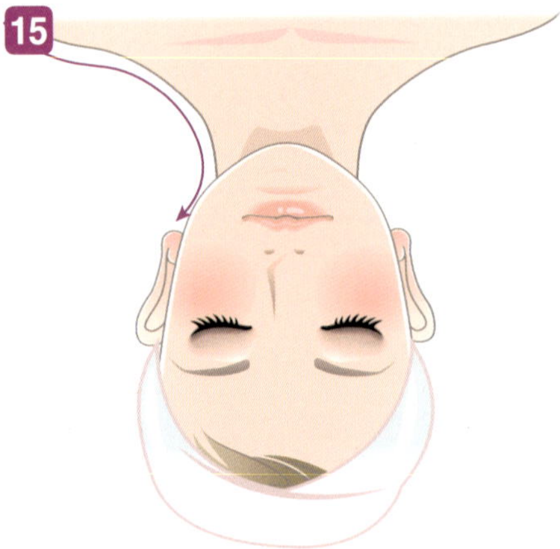

왼쪽도 동일하게 한다.

16

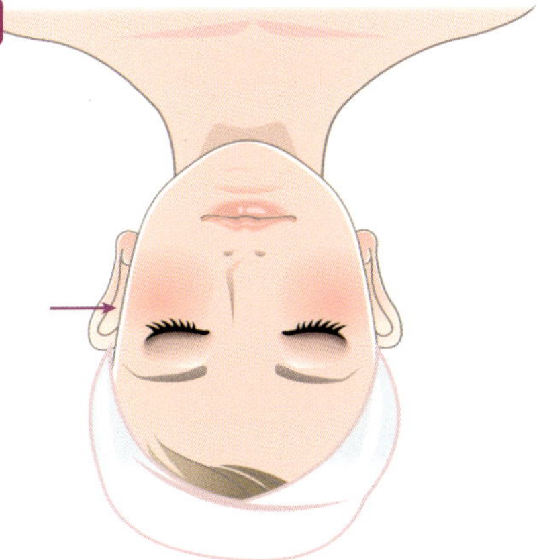

왼쪽도 동일하게 한다.

4. 스킨

1

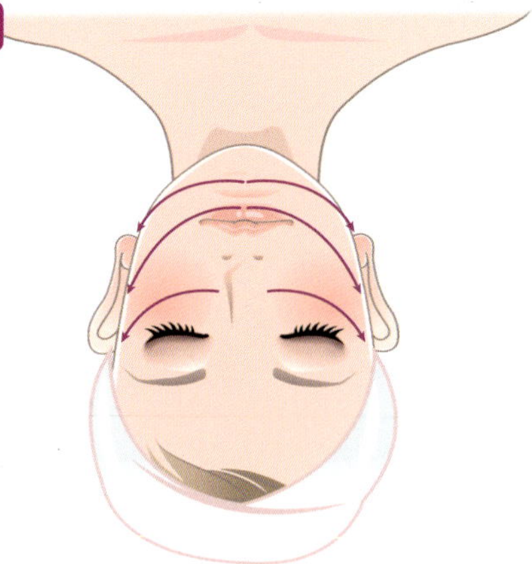

화장솜에 스킨을 묻힌 후 양손으로 눈 밑에서 관자놀이, 코 밑에서 귀 옆으로, 턱 중앙에서 귀 밑으로 닦는 듯 바른다.

2

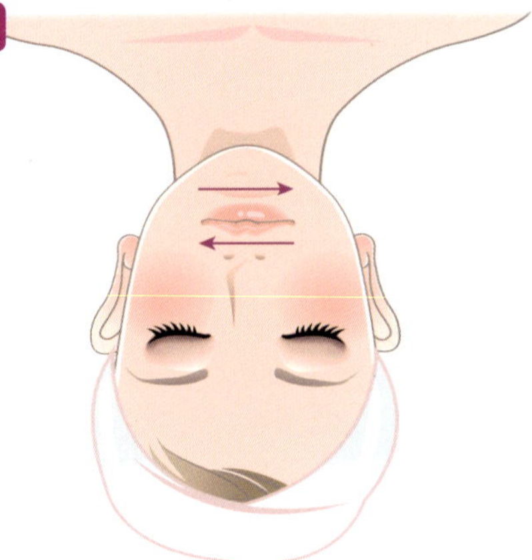

오른손은 턱을 왼손은 인중을 바른다.

3

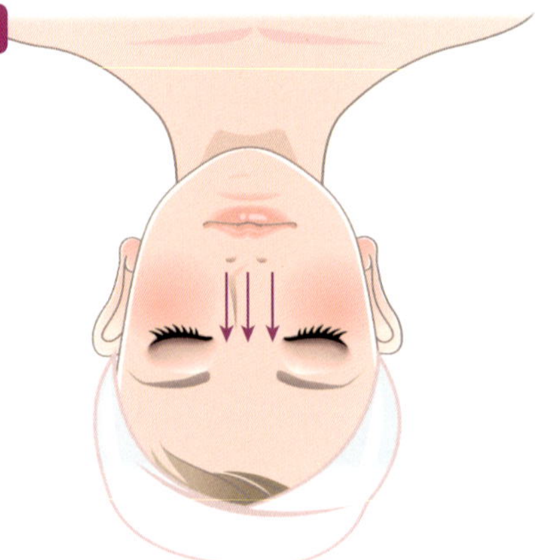

코를 중앙, 양면을 위로 바른다.

4

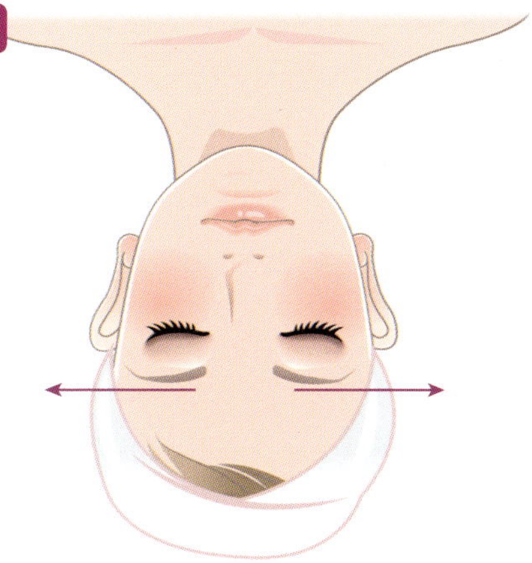

눈썹을 닦듯이 바른다.

5

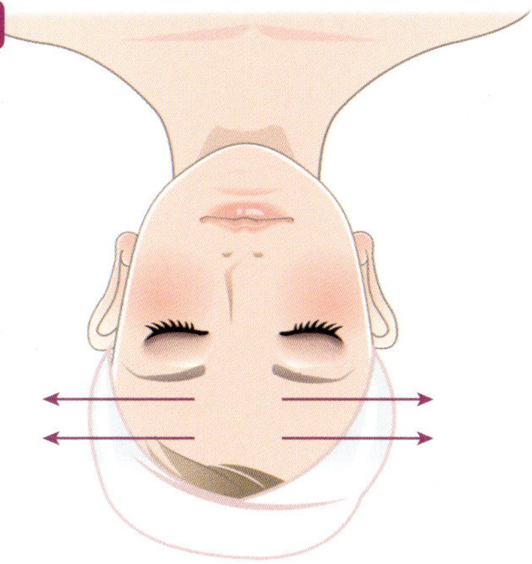

이마를 2등분으로 나누어서 바른다.

6

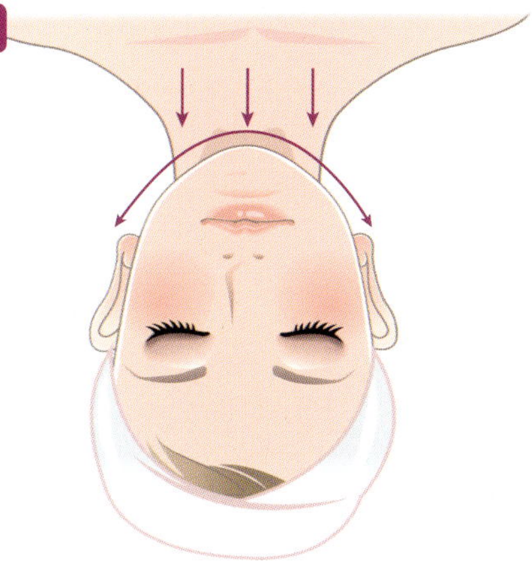

턱선은 위로, 아래턱과 경계선은 좌우로 바른다.

7

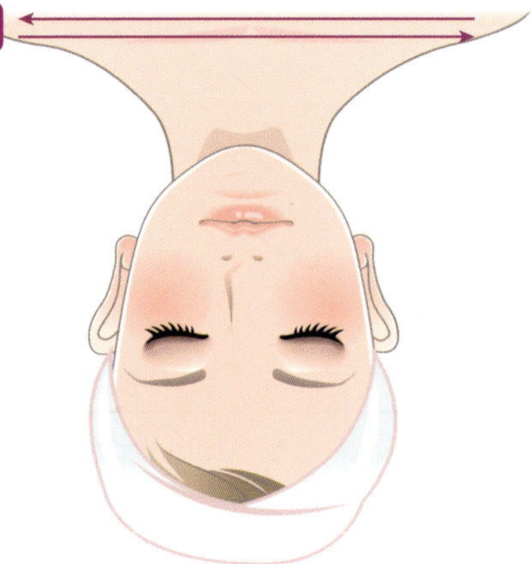

데콜테를 좌우로 바른다.

8

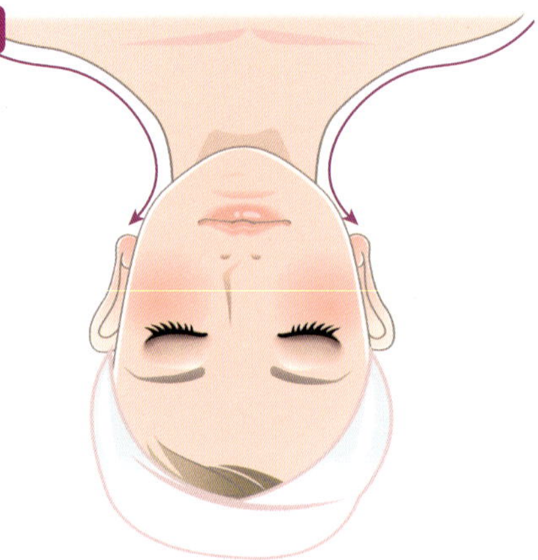

양면을 어깨에서 귀로 올리면서 바른다.

9

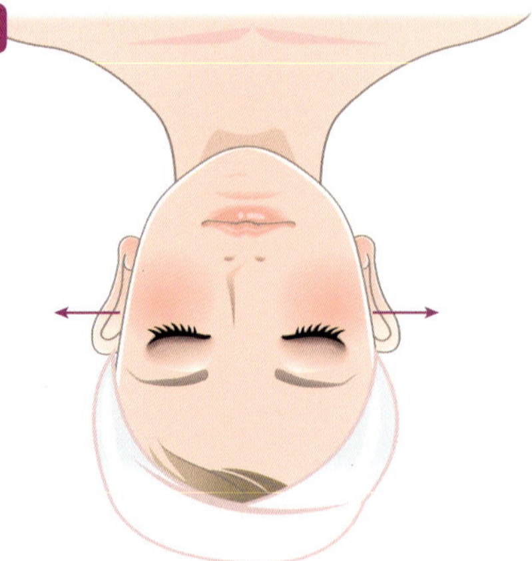

귀에도 바른다.

2. 머슬테라피

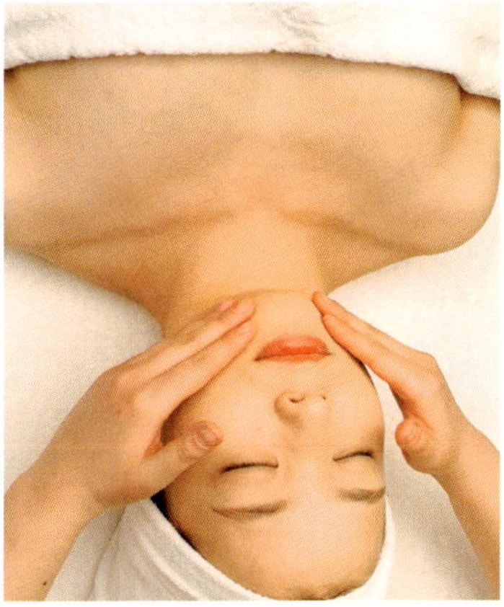

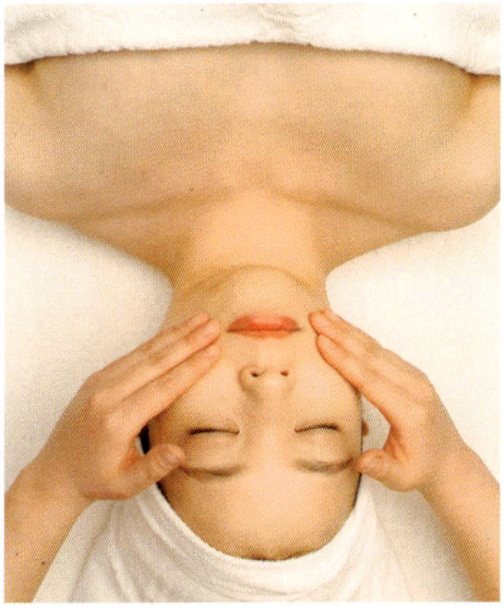

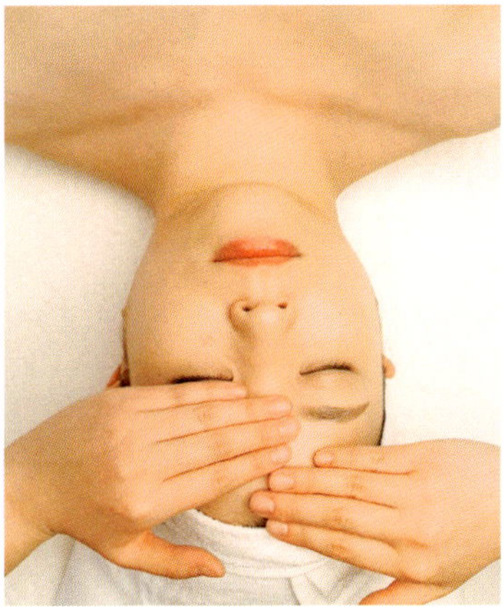

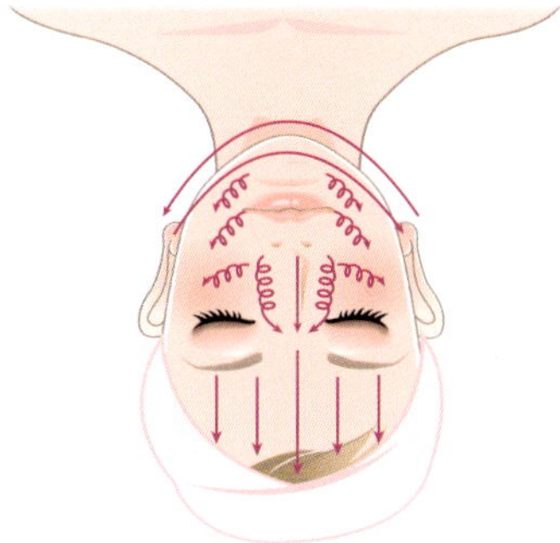

1. 도포(슈페리얼 마사지크림 2회 펌핑)

손바닥으로 크림 동글려 러빙하기

① 턱, 양손 번갈아 빼듯이 쓸기 4회
② 인중, 검지와 중지 벌려 양손 번갈아 빼듯이 쓸기 4회
③ 턱(중앙 → 밖) 반수영 방향 3회 동글리기
④ 입꼬리옆~귓볼까지 반수영 방향 3회 동글리기
⑤ 콧볼옆~귀앞까지 반수영 방향 3회 동글리기
⑥ 코벽, 동글리며 올라오기
⑦ 콧등, 양손 사지 가로로 두고 세로로 번갈아 쓸기 4회
⑧ 이마, 양손 4지 가로로 두고 세로로 번갈아 쓸기(왼쪽 이마 ~ 오른쪽 이마로 왕복 1세트)

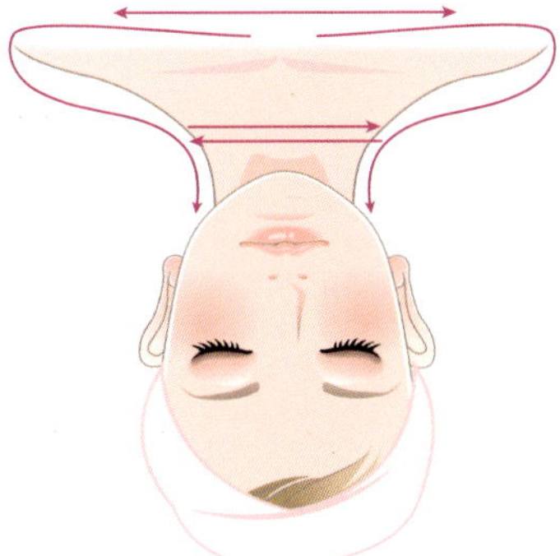

⑨ 목, 양손 번갈아 빼듯이 쓸기 4회
⑩ 가슴 위, 양손 번갈아 빼듯이 쓸기 4회
⑪ 어깨 돌아 목뒤로 올라오기
도포 동작 ①~⑪ 전체 2세트 반복하기

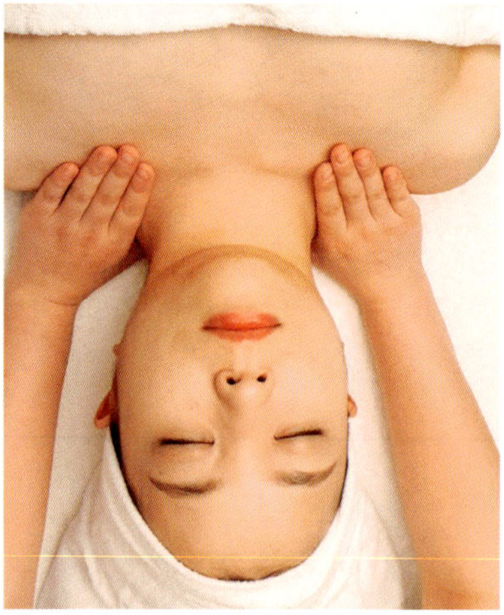

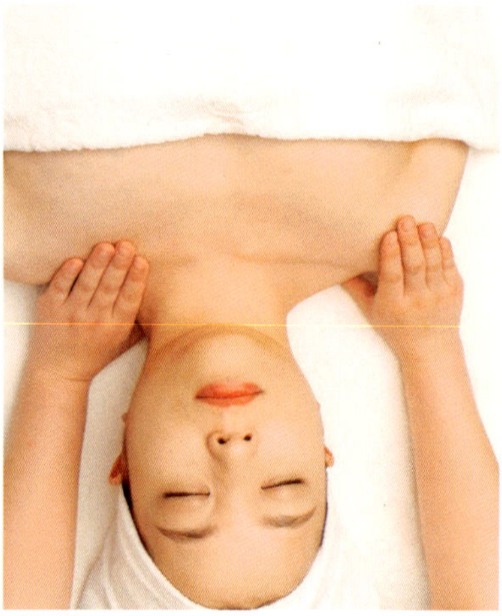

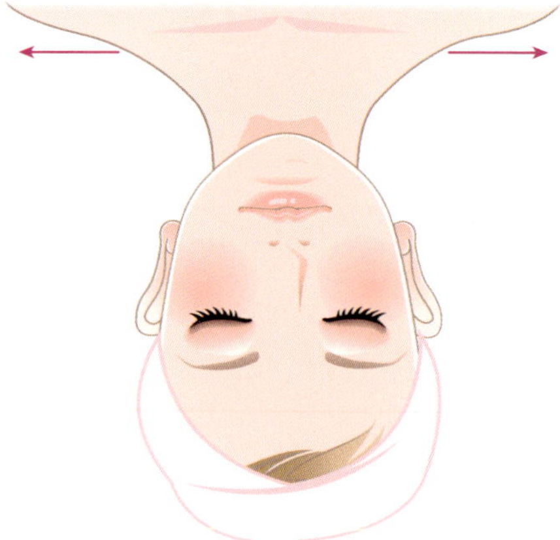

2. 견정, 엄지와 검지를 벌려 어깨에 두고 가로방향 밖으로 쓸기

오른손 8회, 왼손 8회 총 4세트

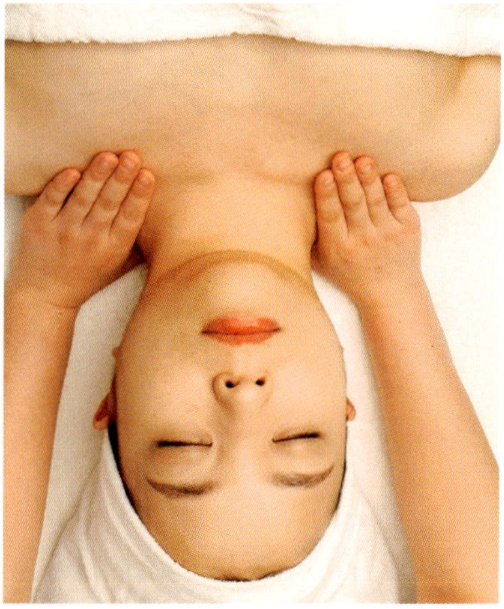

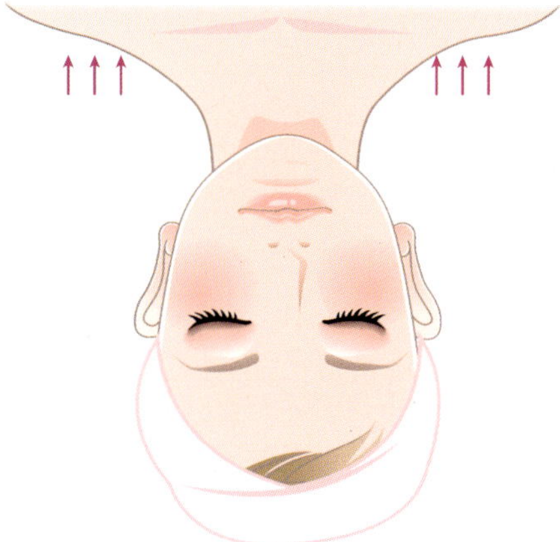

3. 견갑골 위 승모근(안 → 밖) 4지점 엄지로
발끝방향 밀기

4세트

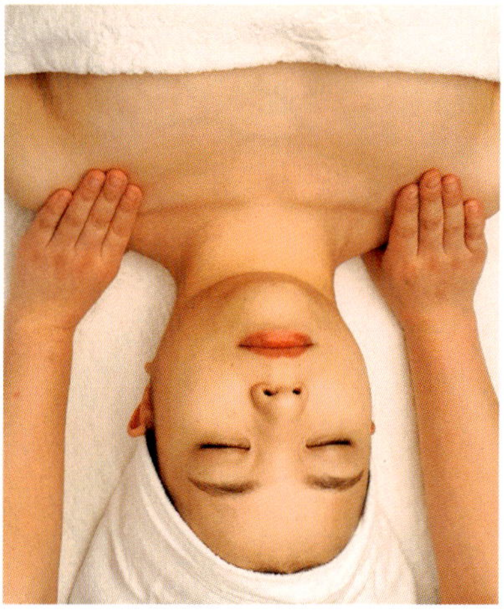

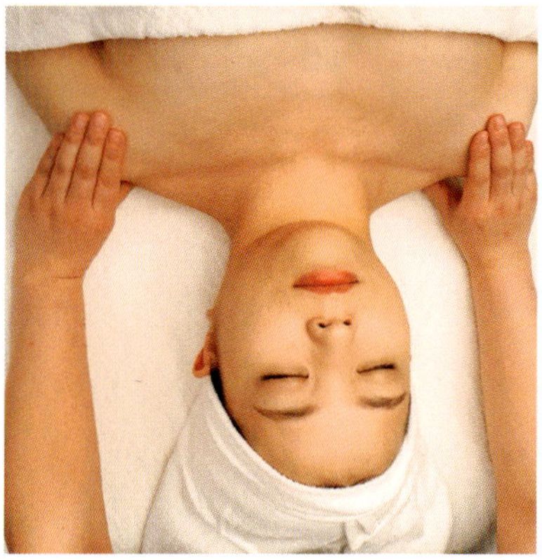

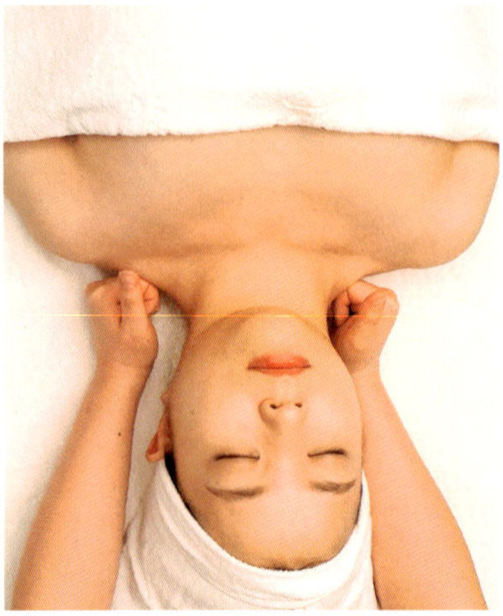

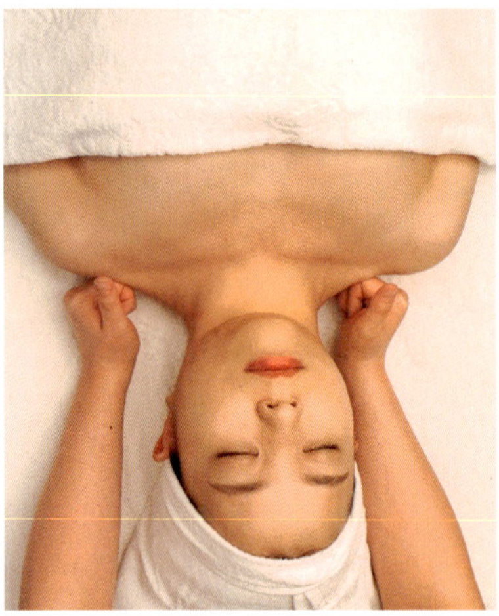

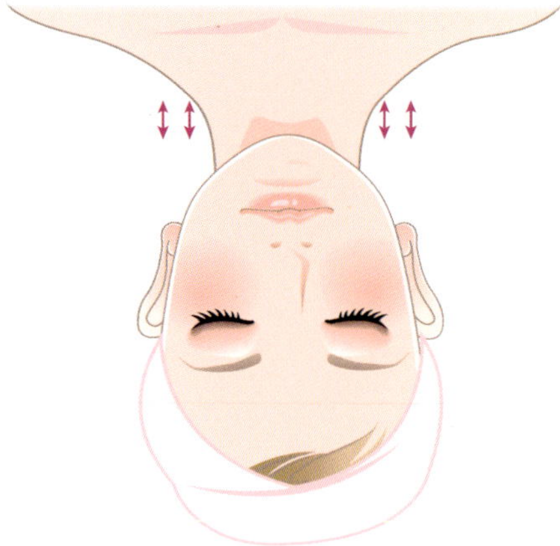

4. 승모근(안 → 밖) 4지점 양손 각권날로 상하로 흔들기

4세트

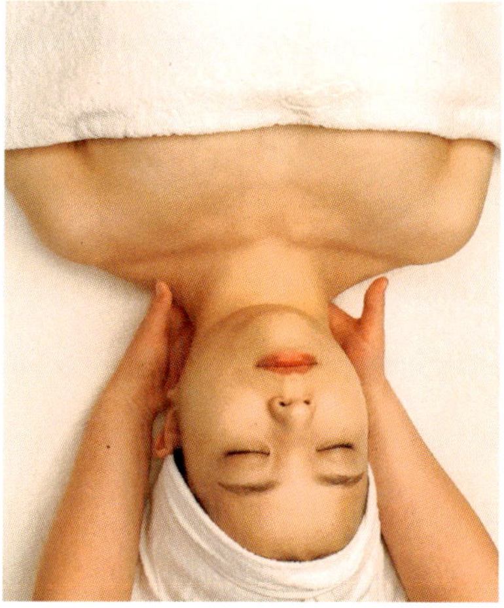

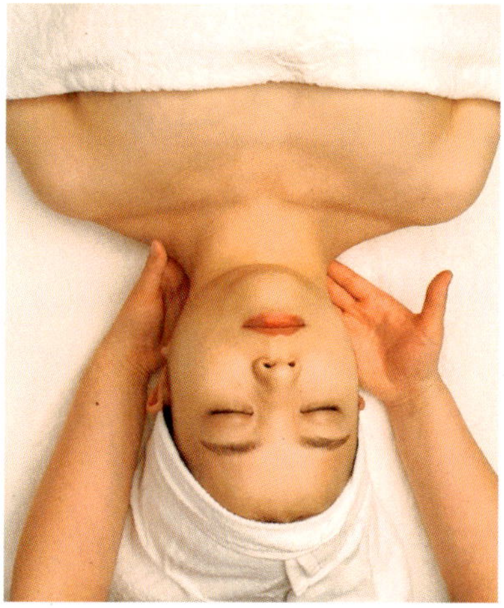

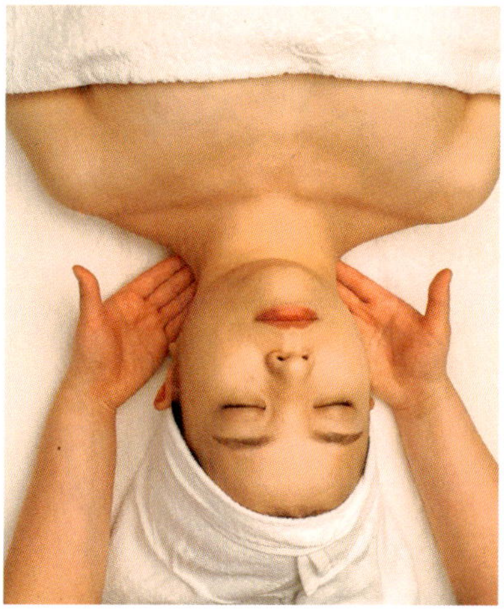

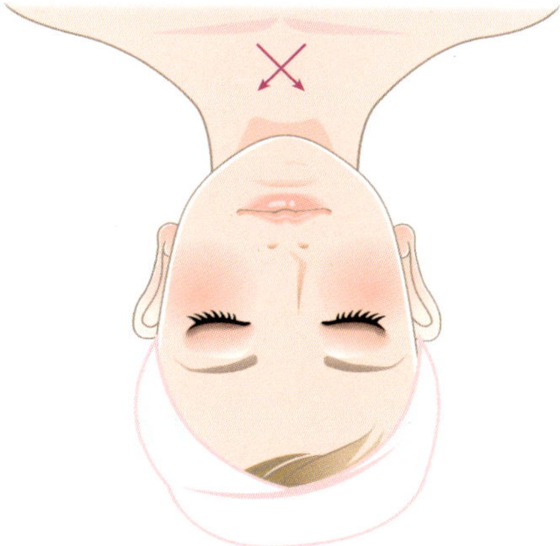

5. 경추 7번(대추혈) 양손 4지 번갈아 X자로 빼듯이 쓸기 8회

4세트

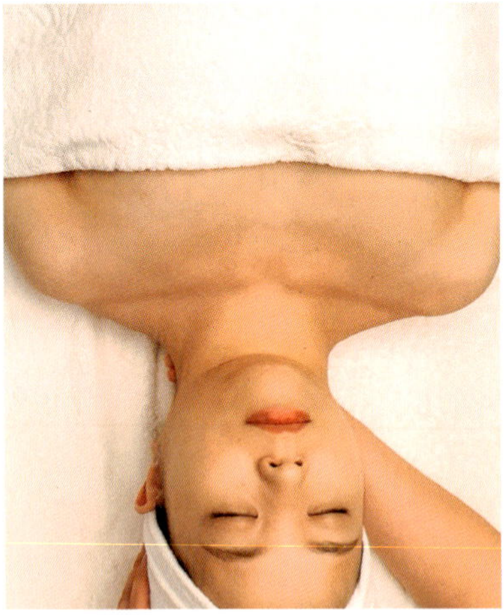

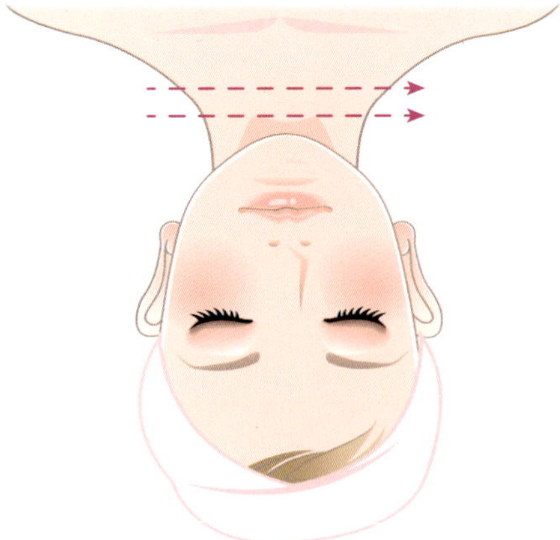

6. 목뒷면(위 → 밑) 8지점

① 오른손 사지 지문으로 반대쪽 목 측면에서 내쪽 목측면까지 1회씩 쓸어오기 4세트

② 왼손으로 왼쪽 동일하게 4세트 반복

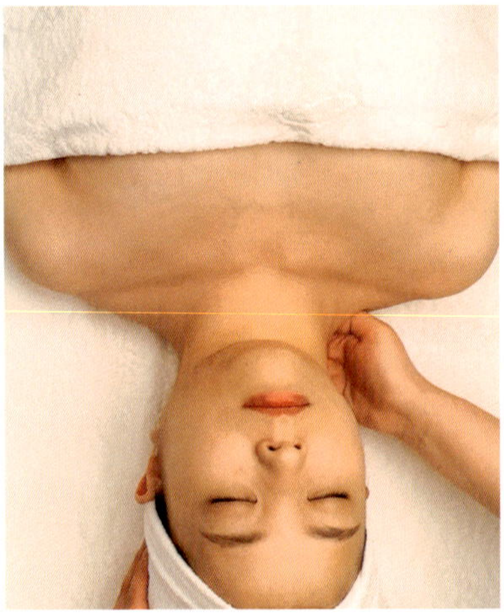

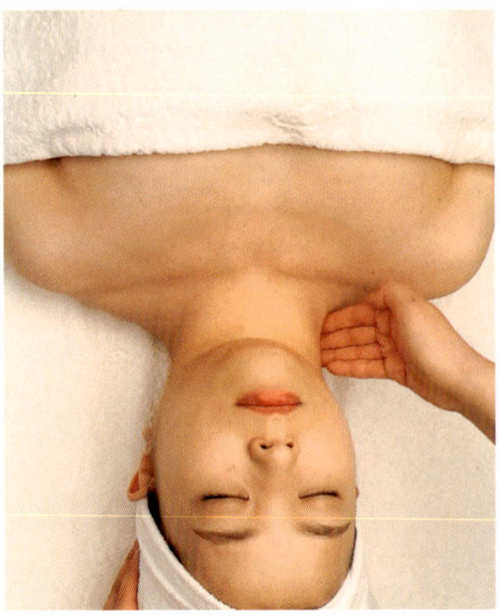

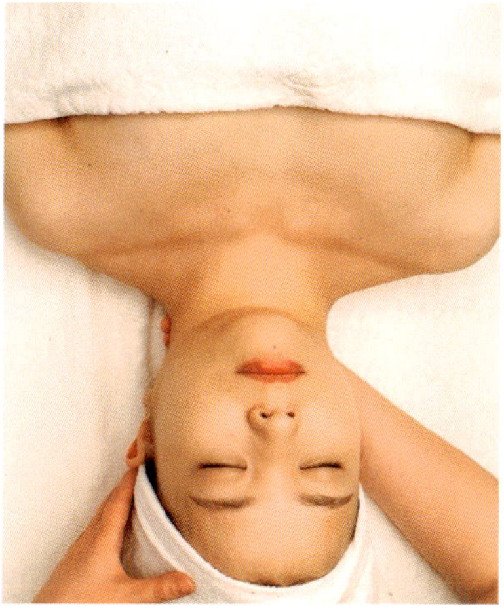

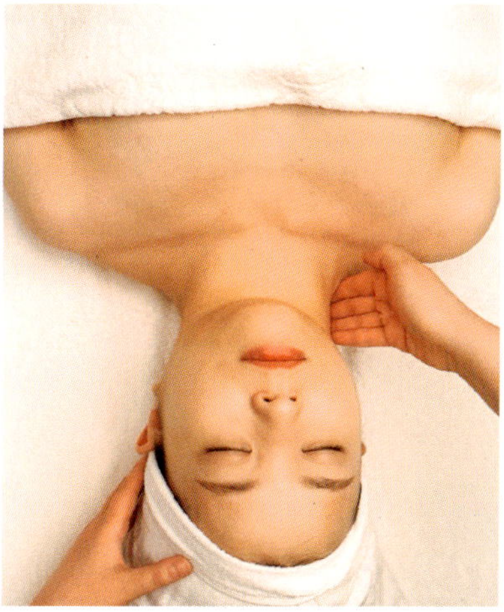

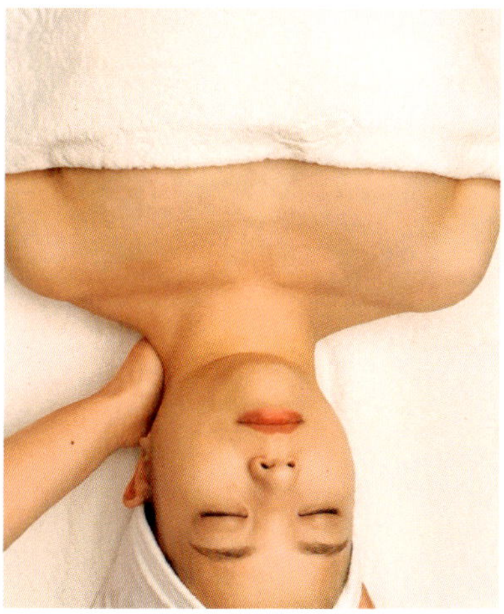

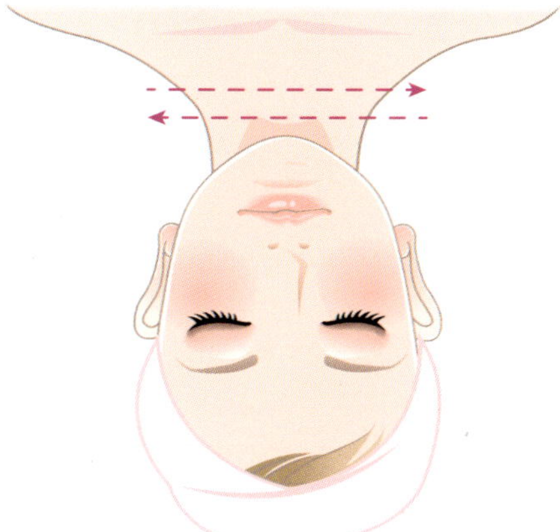

7. 목뒷면(위 → 밑) 8지점(*동작은 6번 동작과 동일하게)

1지점당 양손으로 1회씩 쓸기 4세트

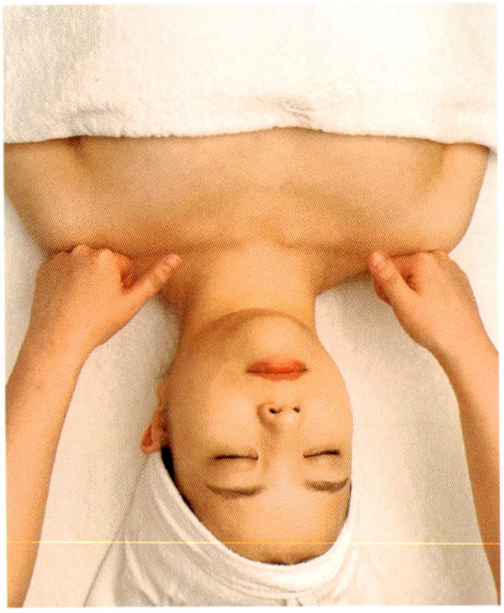

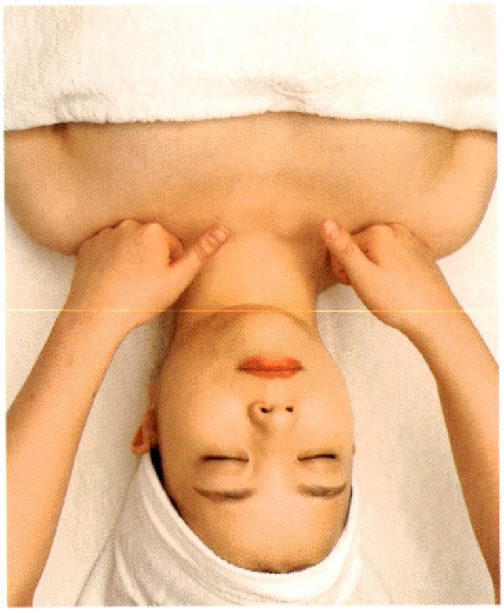

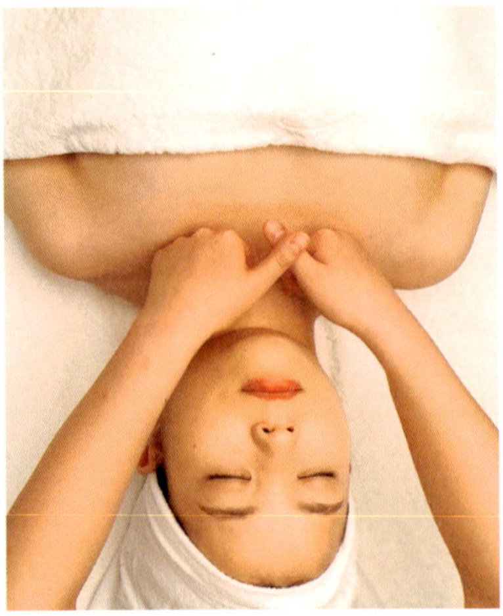

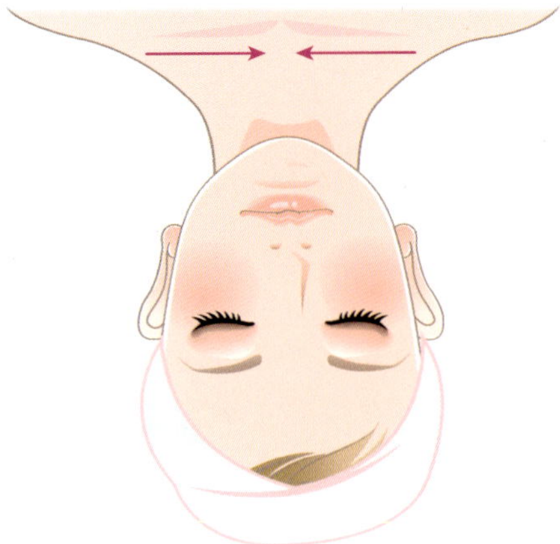

8. 각권 넓은 면으로 쇄골 길게 모으듯이 왔다갔다 8회 쓸기

4세트

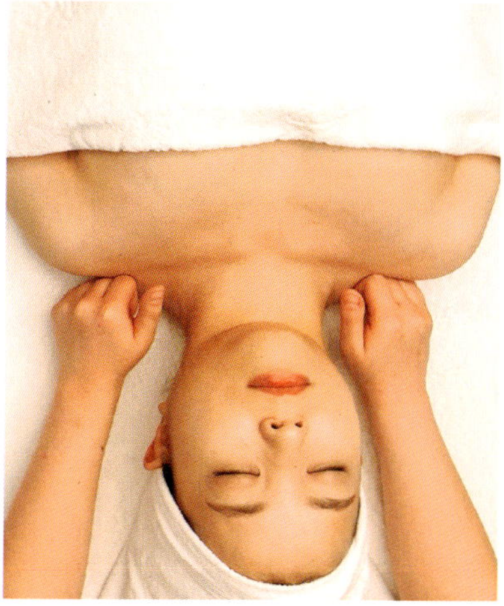

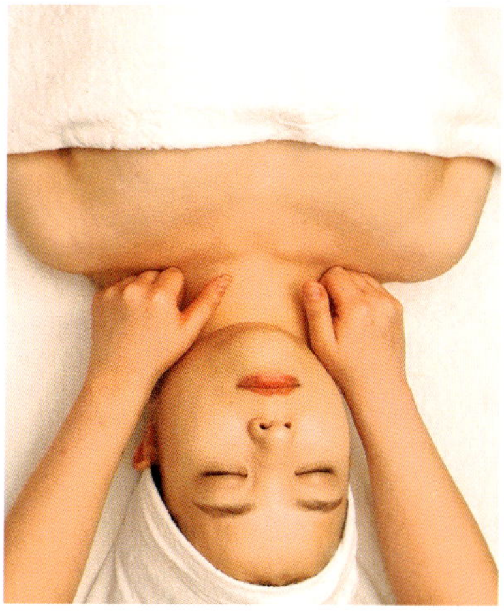

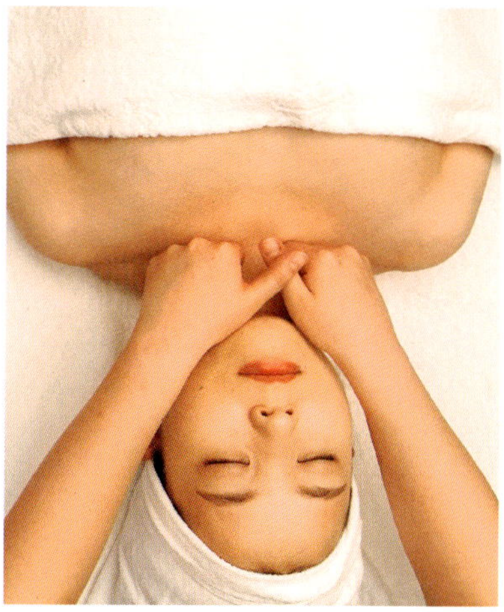

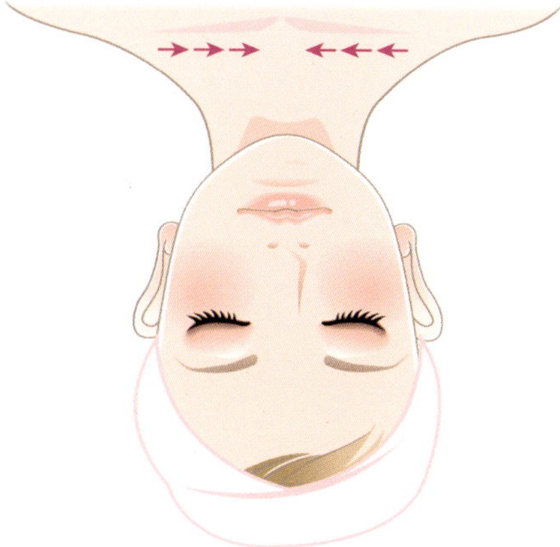

9. 각권면으로 쇄골 안쪽 모으듯이 반박음질 8회

4세트(바깥쪽에서 안쪽방향으로)

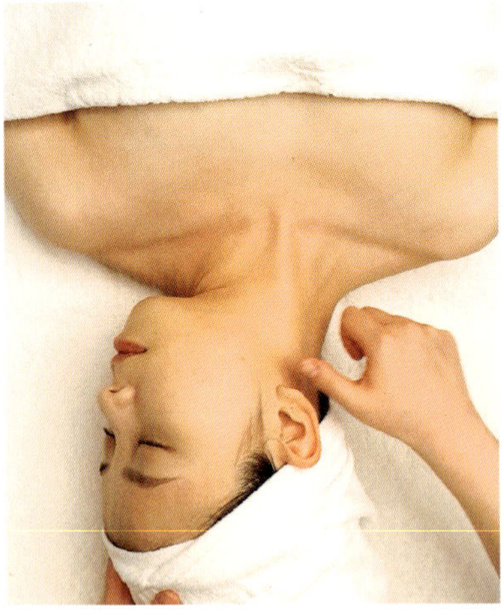

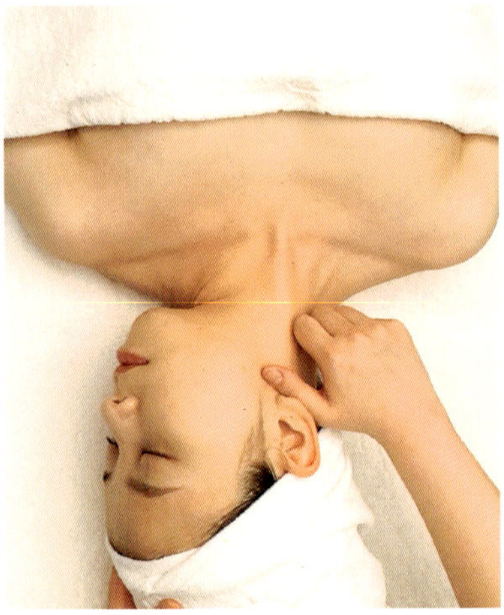

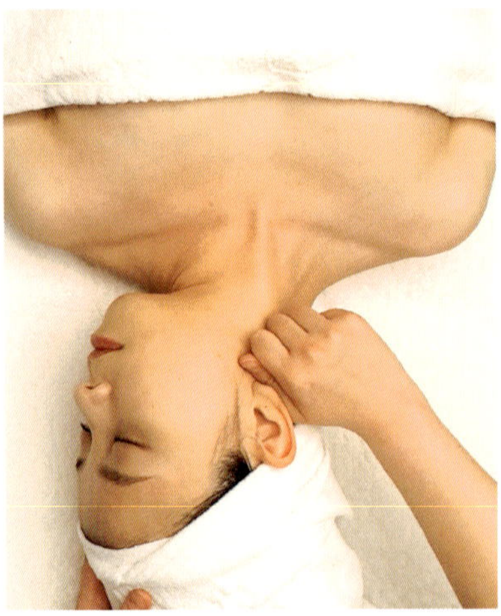

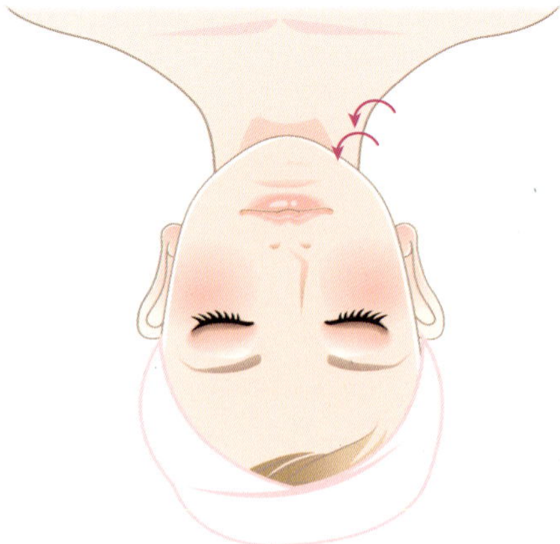

※ 고개 왼쪽으로 90도 돌리기

10. 흉쇄유돌근(위 → 밑) 4지점 엄지와 검지 옆면으로 90도 올리듯이 집어주기

4세트

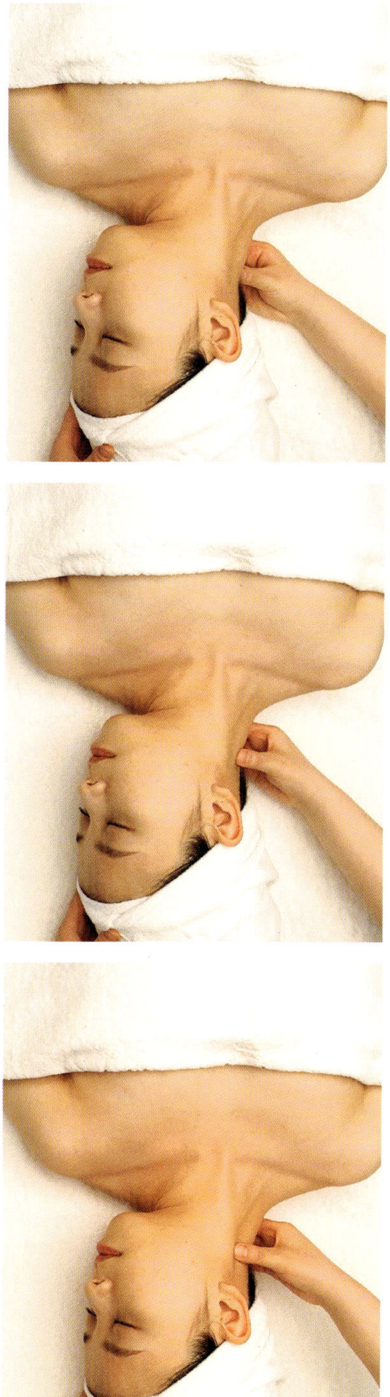

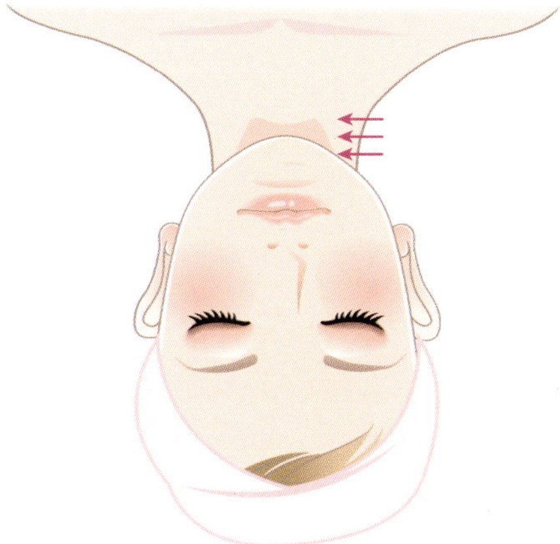

※ 고개 왼쪽으로 90도 돌린 상태 유지하기

11. 상승모근(위 → 밑) 8지점 엄지로 흉쇄유돌근 방향 1회씩 쓸기

4세트

10.

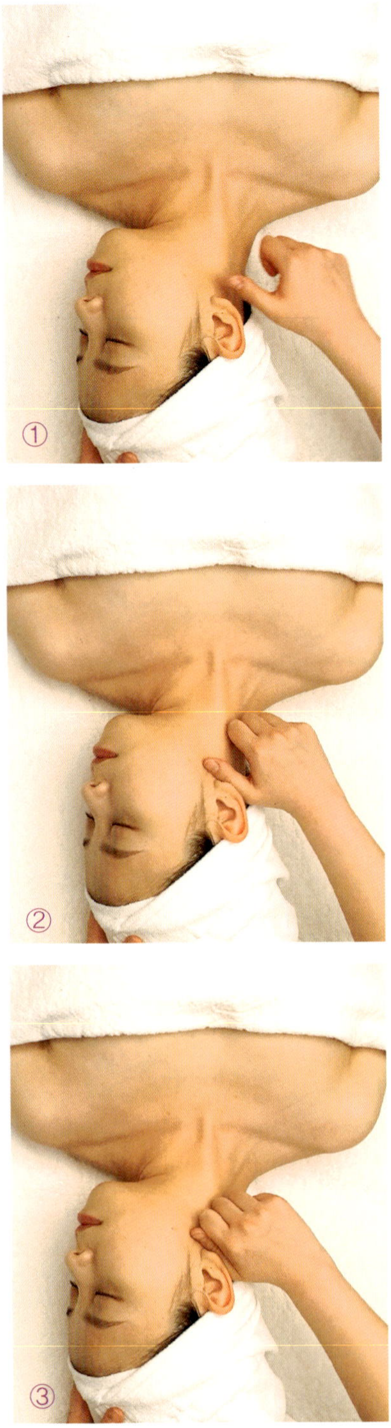

11.

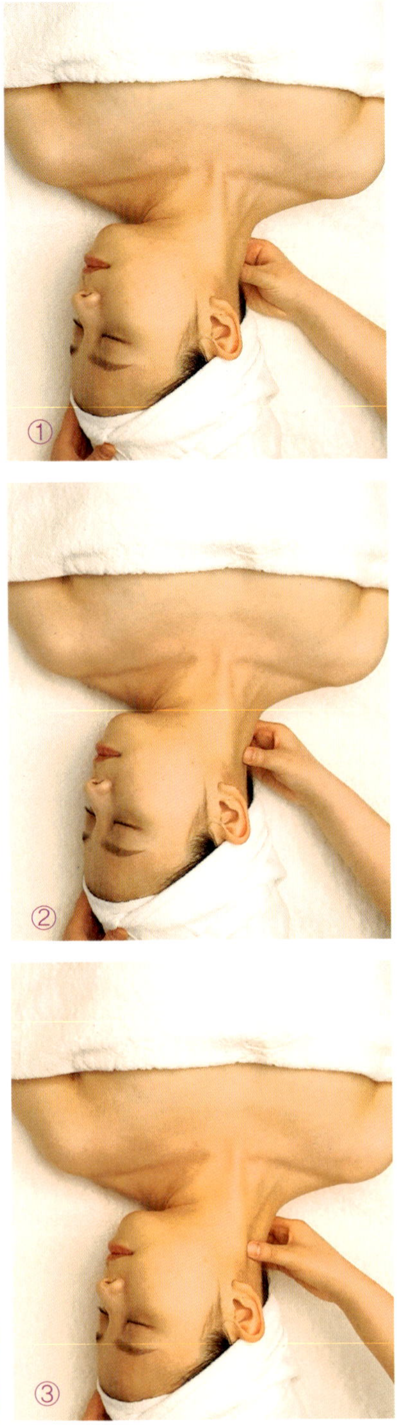

※ 고개 오른쪽으로 90도 돌린 상태 유지하기

12. 10.~11. 동작 왼쪽에 동일하게 반복하기

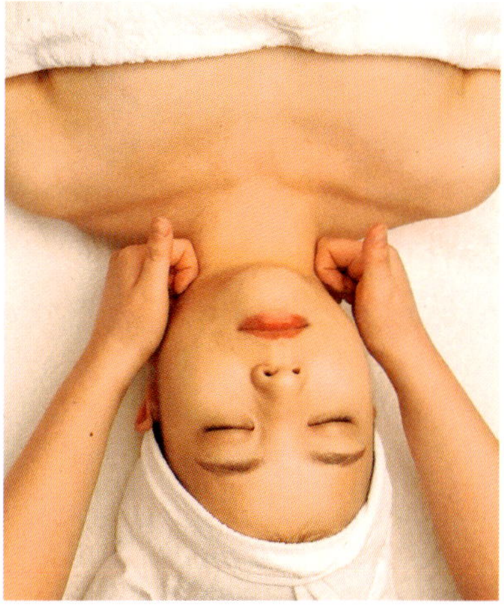

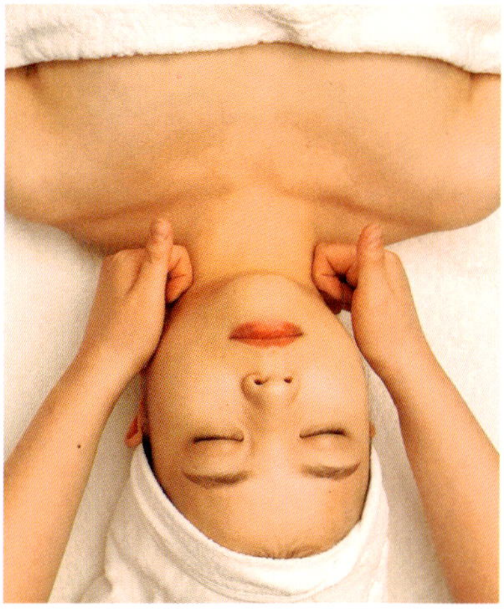

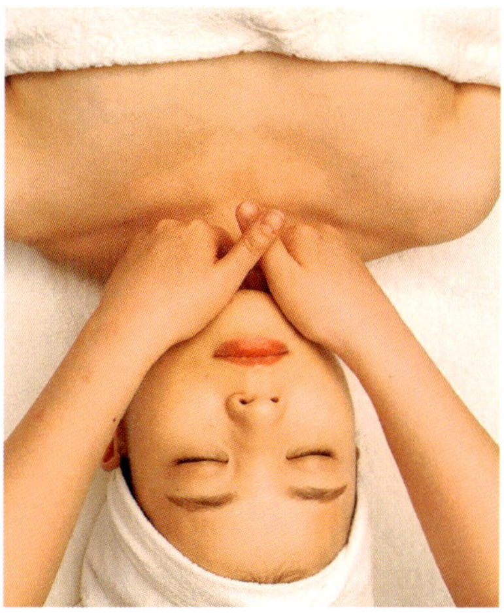

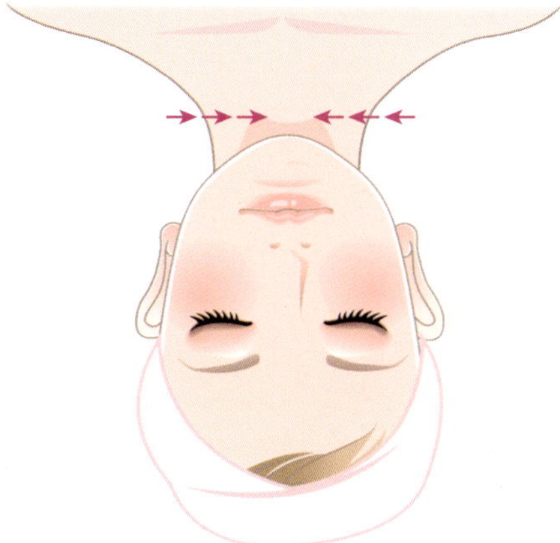

※ 고개 정면으로 돌리기

13. 목(위 → 밑) 3줄 1줄당 각권면으로
    (밖 → 중앙) 모으듯이 반박음질 8회

2세트

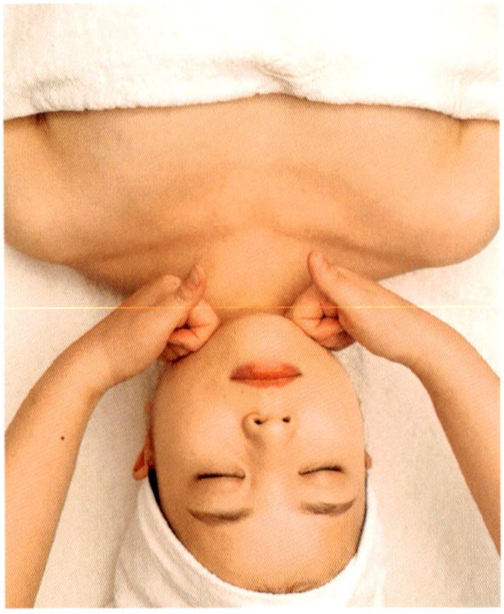

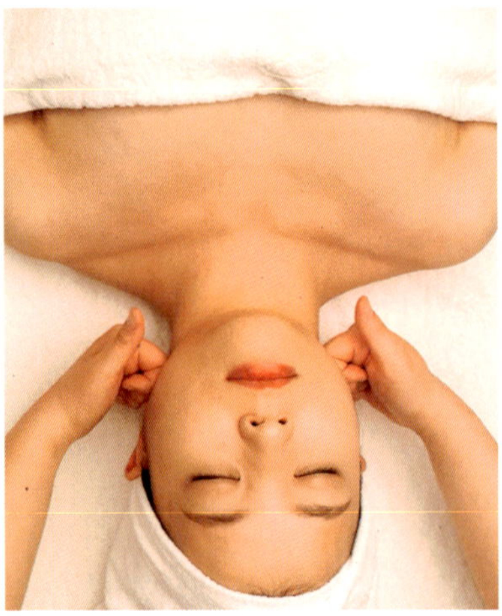

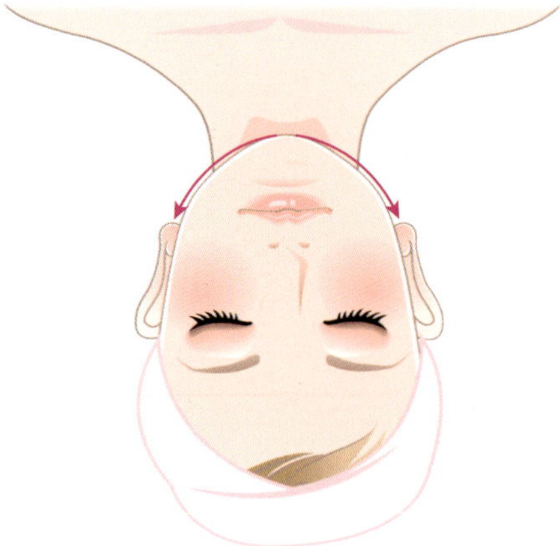

14-1. 이중턱, 각권면으로 빼듯이 길게 왔다갔다 8회

2세트

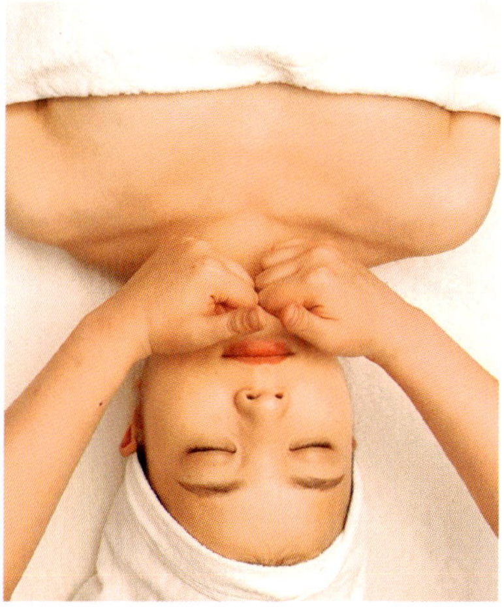

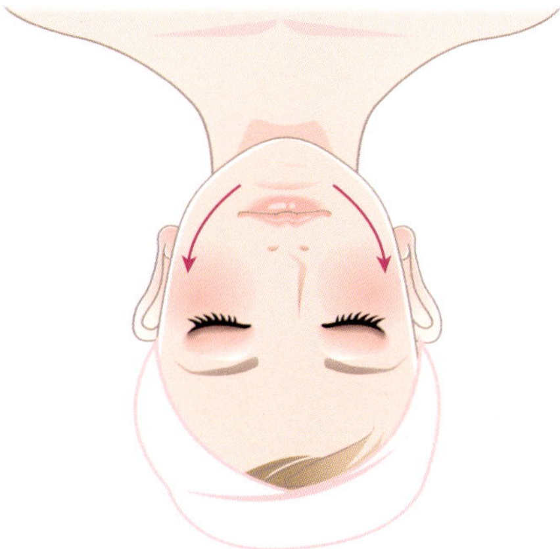

14-2. 턱선, 각권면으로 빼듯이 길게 왔다갔다 8회

2세트

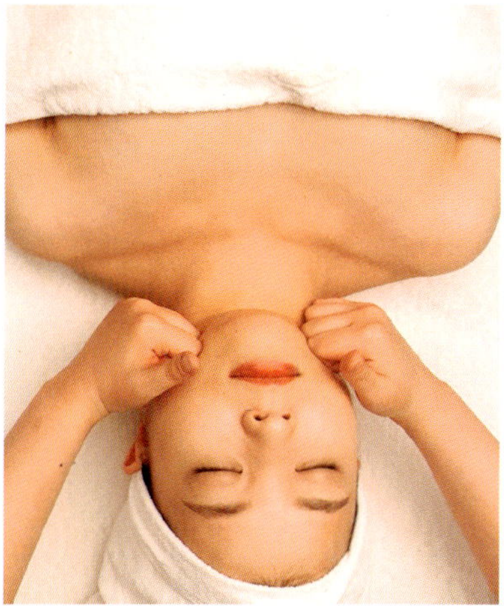

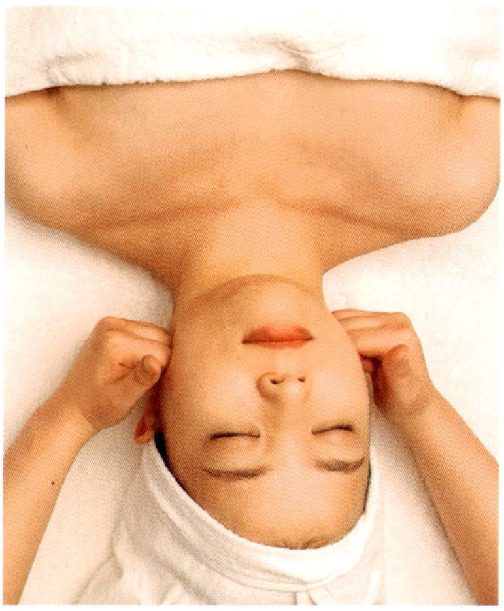

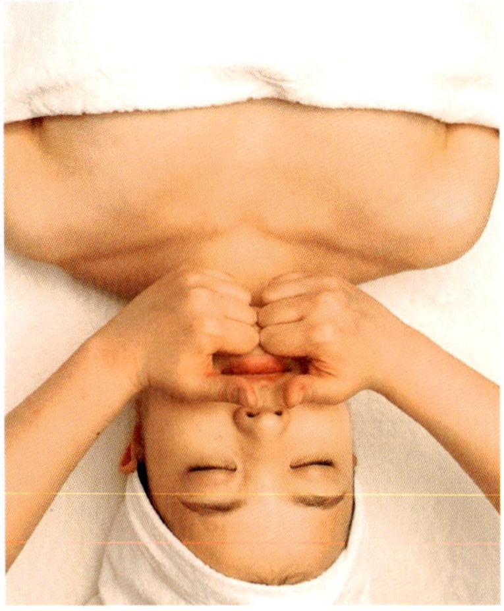

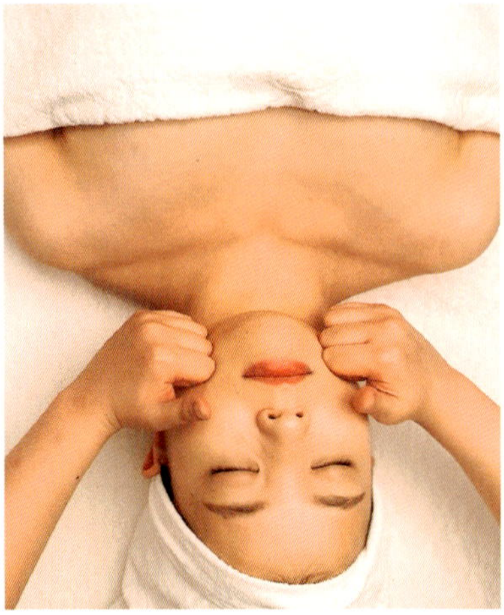

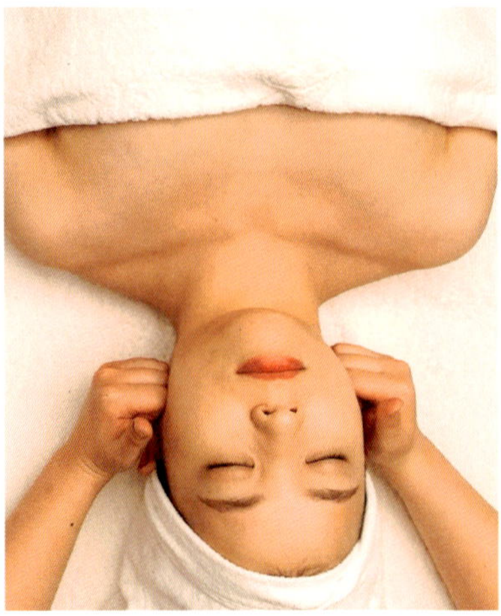

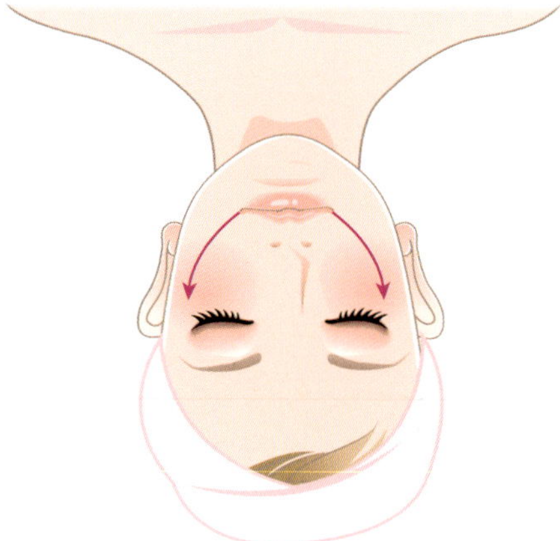

14–3. 윗턱, 각권면으로 빼듯이 길게 왔다갔다
8회

2세트

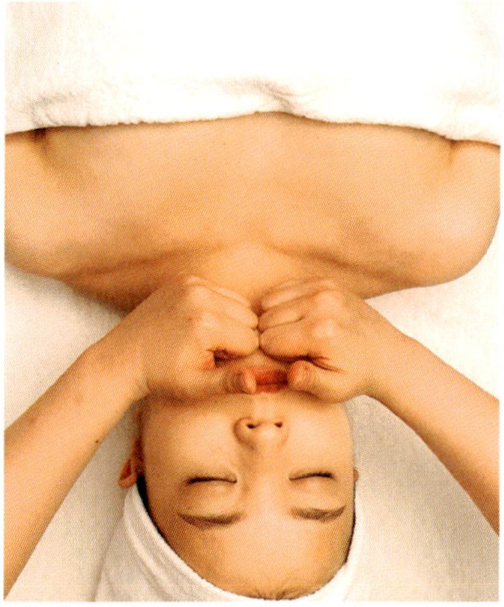

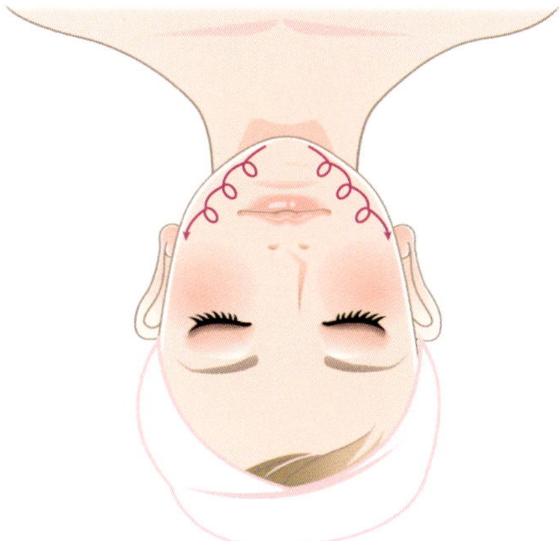

15. 턱(중앙 → 밖) 8지점

① 각권면 마주보게 두고 수영 방향 1번씩 동글리기 → 귀 뒤로 빼듯이 쓸기 × 2세트

② 각권면 마주보게 두고 반수영 방향 1번씩 동글리기 → 귀뒤로 빼듯이 쓸기 × 2세트

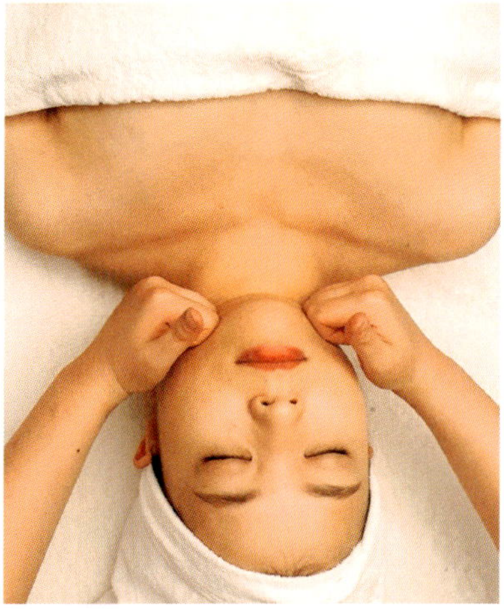

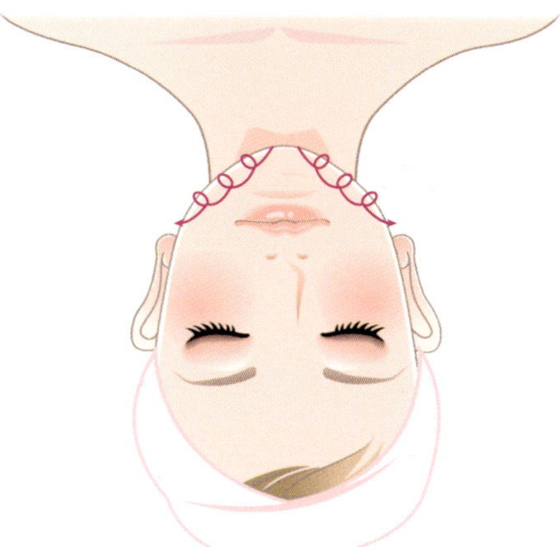

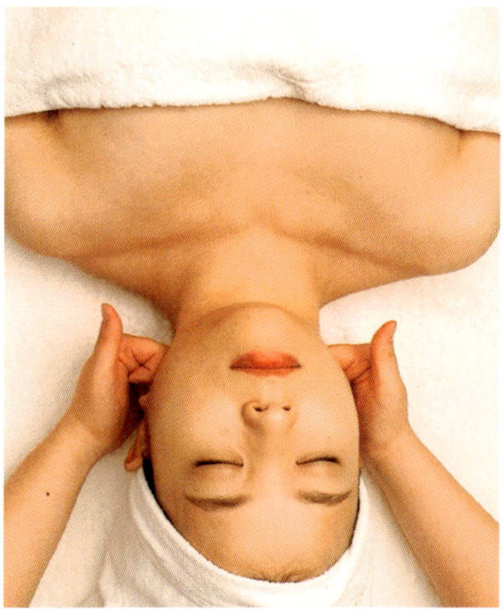

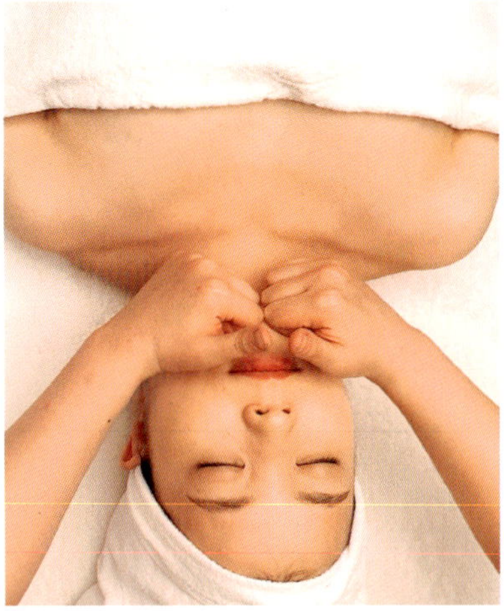

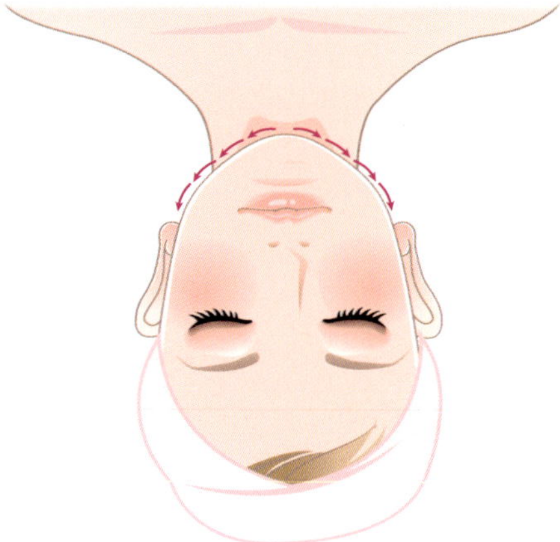

16. 턱(중앙 → 밖) 8지점 각권면 마주보게 두고
    빼듯이 반박음질

2세트

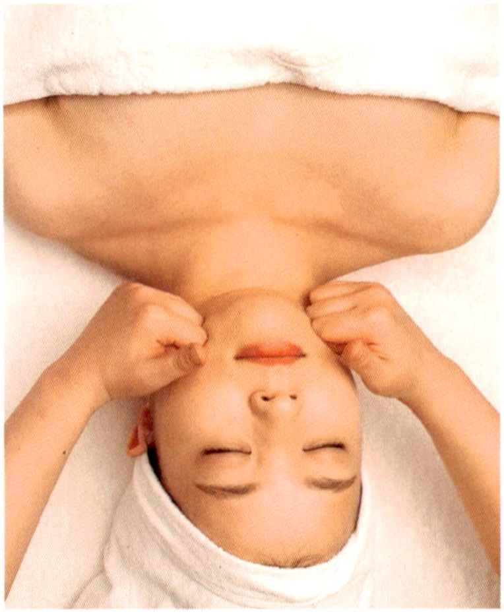

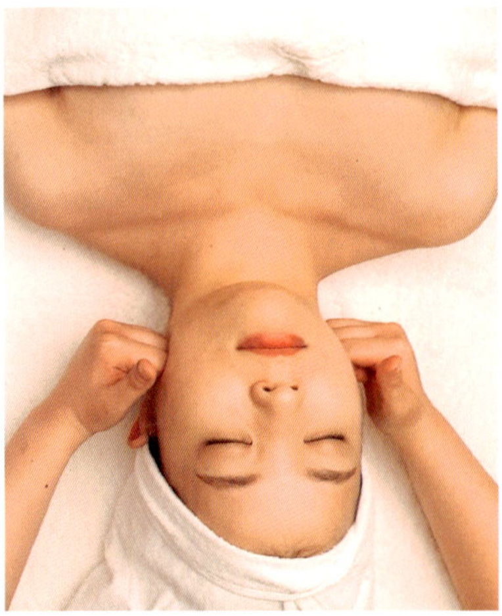

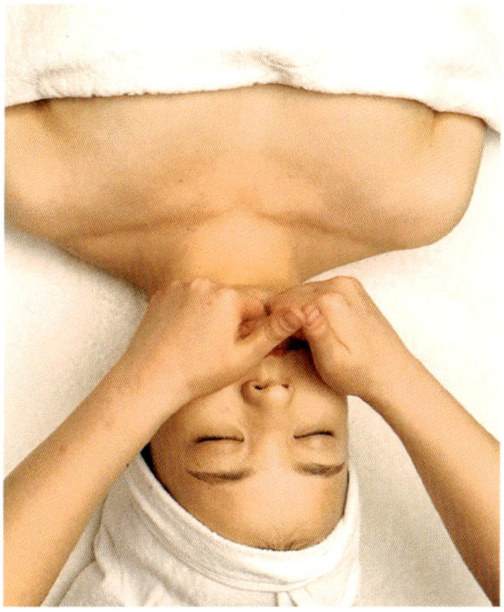

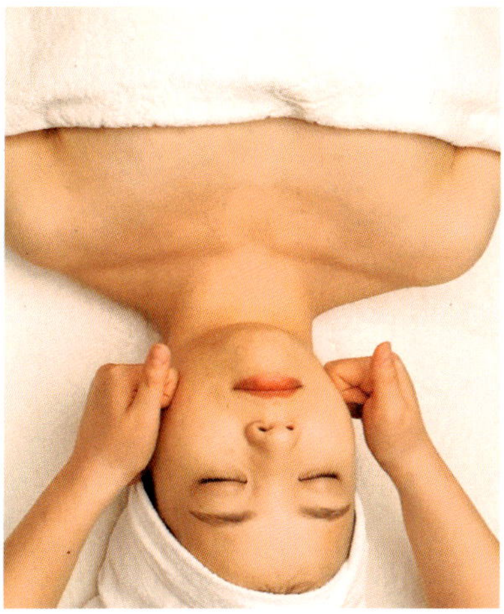

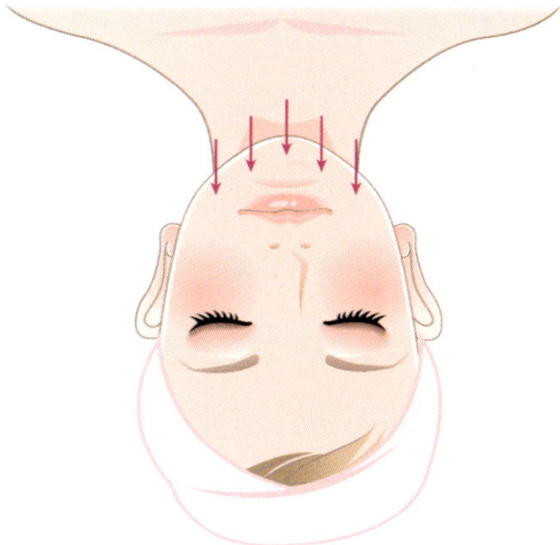

17. 이중턱(중앙 → 밖) 8지점 각권면 가로로 두고 윗턱까지 일자로 1회씩 쓸어올리기

2세트

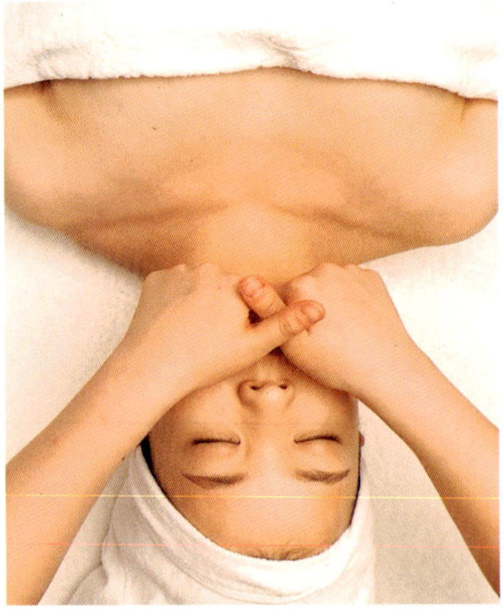

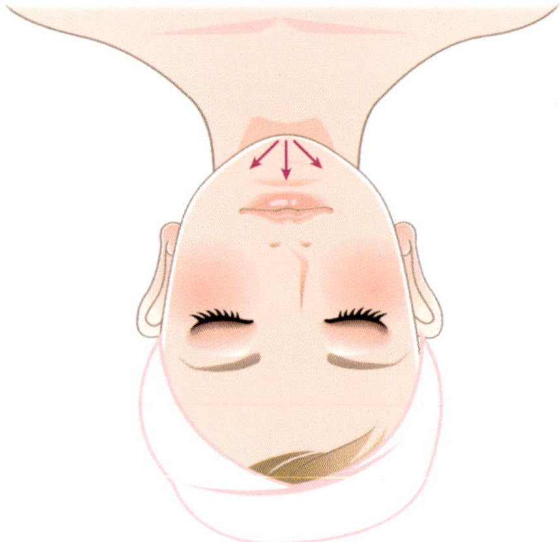

18-1. 각권면으로 주름 90도로 펴기

① 호두주름(중앙 → 밖) 8지점

2세트

※ 주름 모양에 맞춰 + 모양으로 쓸어준다.

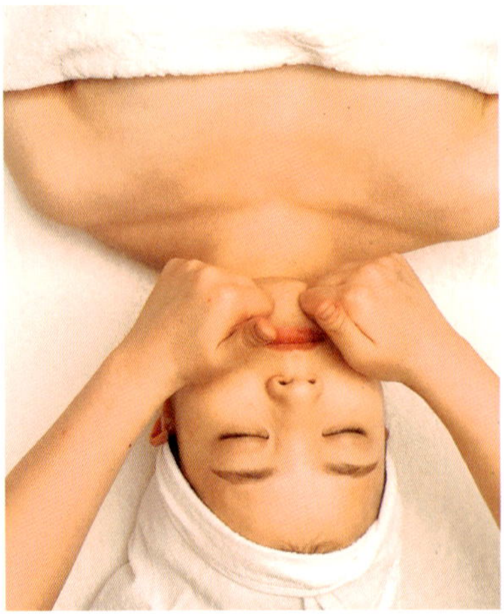

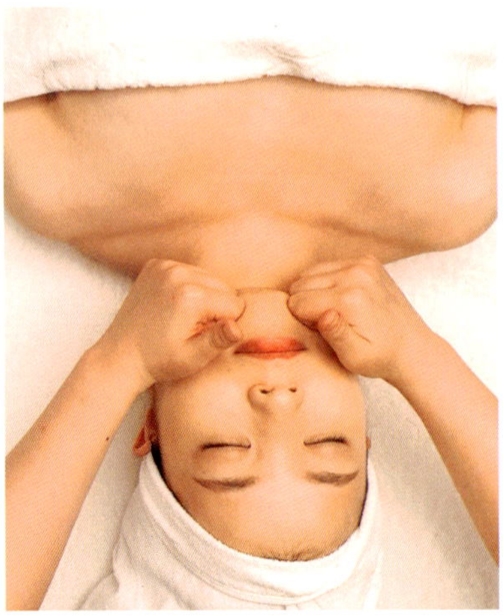

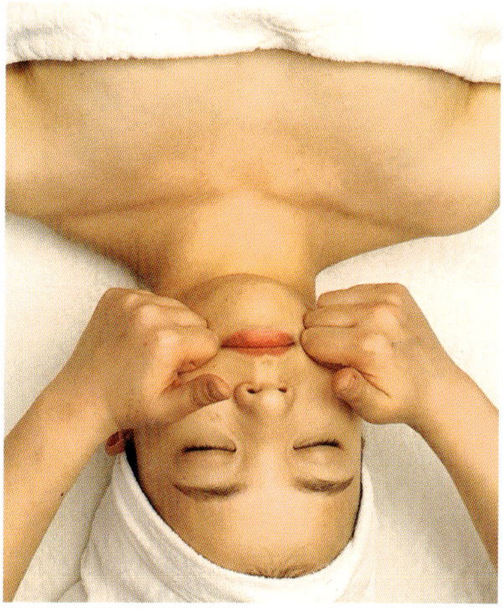

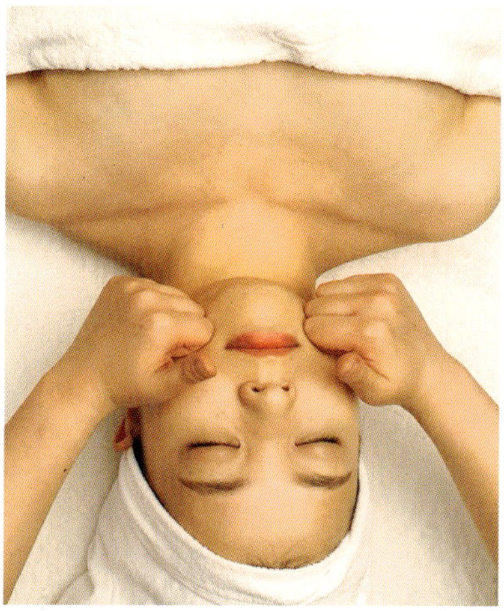

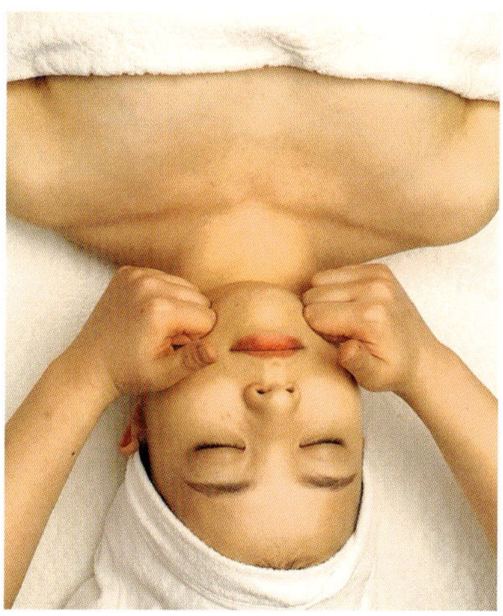

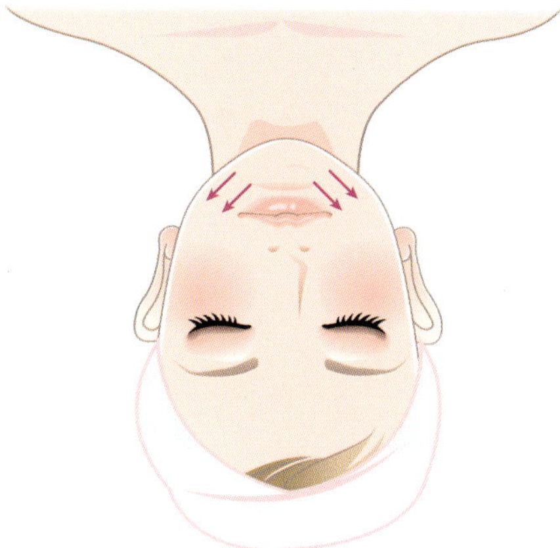

18−2. 각권면으로 주름 90도로 펴기

② 입꼬리주름(위 → 밑) 8지점

2세트

※ 주름 모양에 맞춰 + 모양으로 쓸어준다.

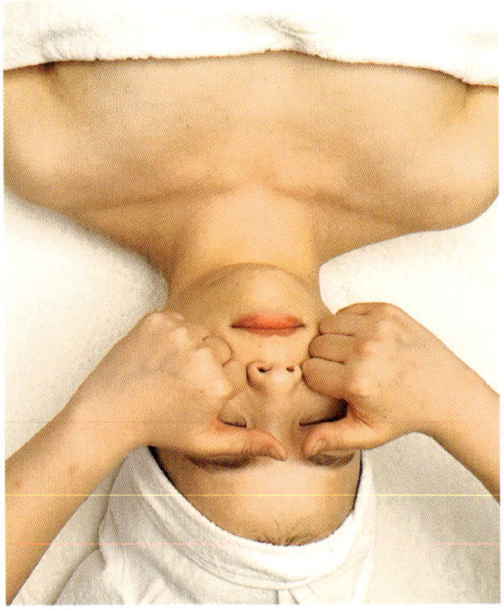

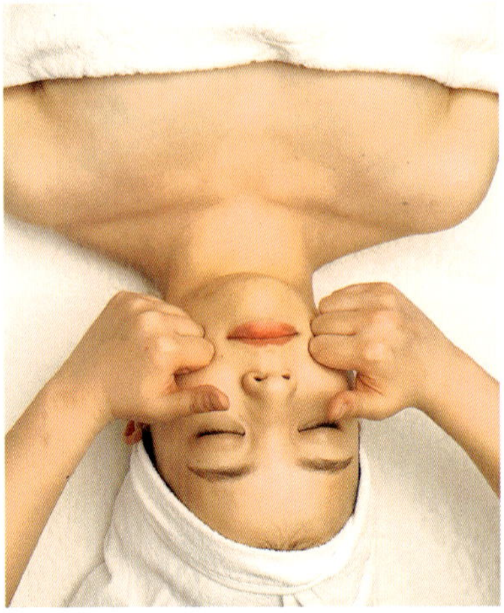

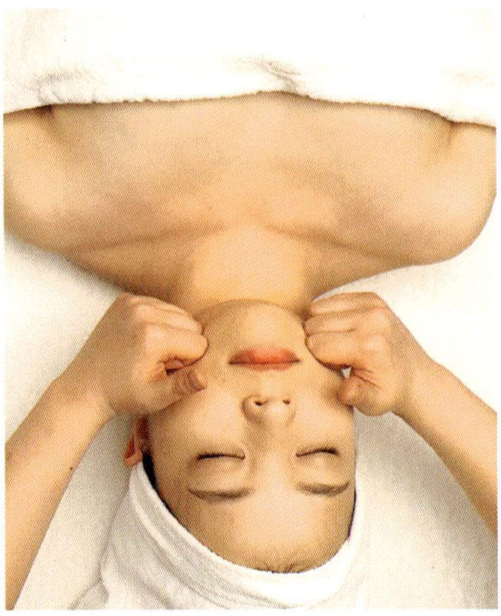

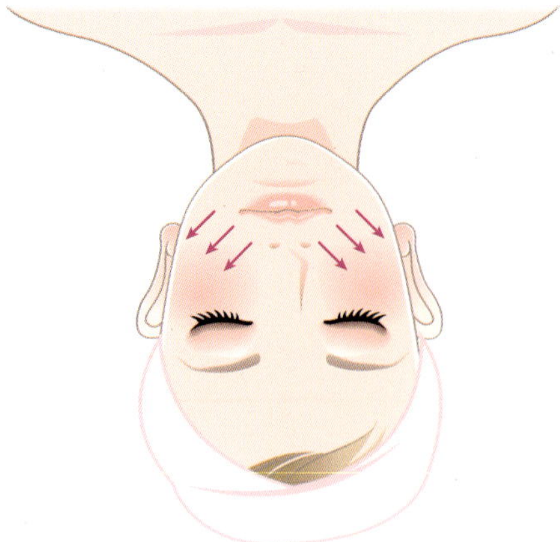

18-3. 각권면으로 주름 90도로 펴기

③ 팔자주름(위 → 밑) 8지점

2세트

※ 주름 모양에 맞춰 + 모양으로 쓸어준다.

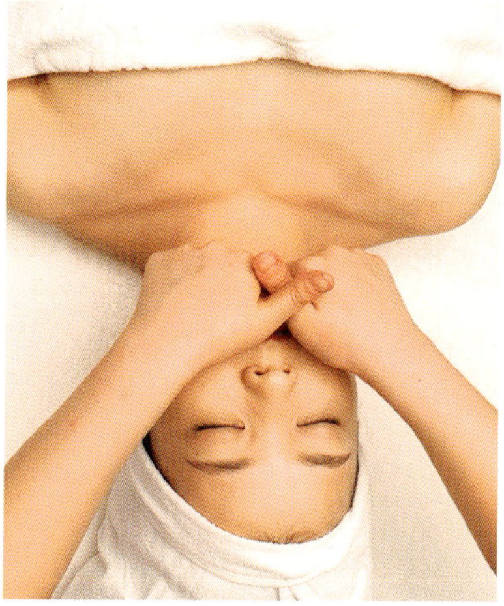

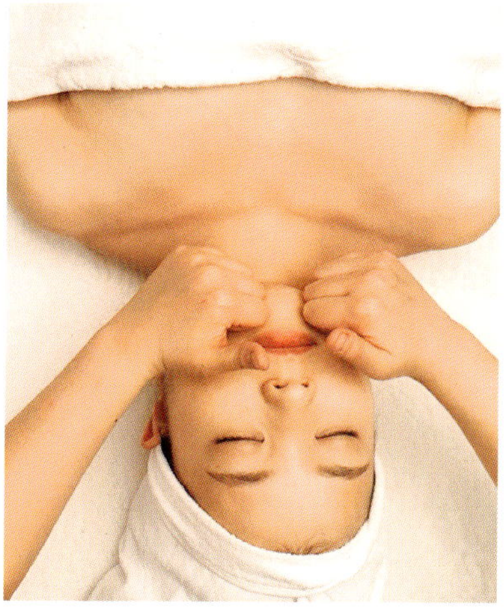

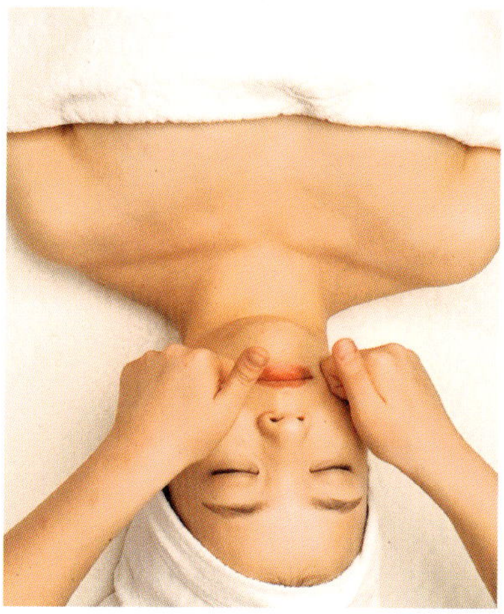

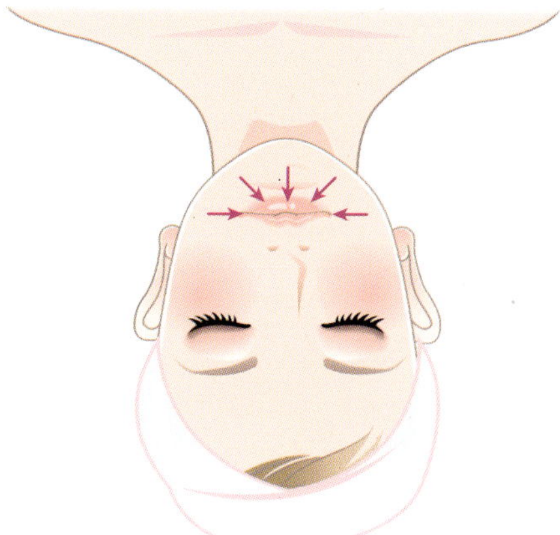

19. 입술아래(중앙 → 밖) 3지점 각권면으로 입술 방향 모으듯이 쓸기

2세트

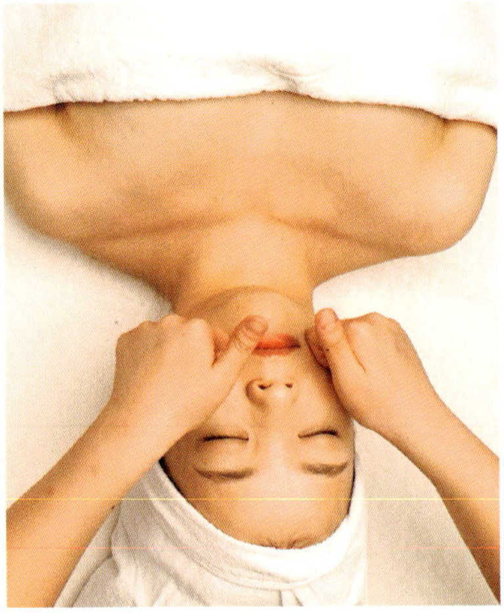
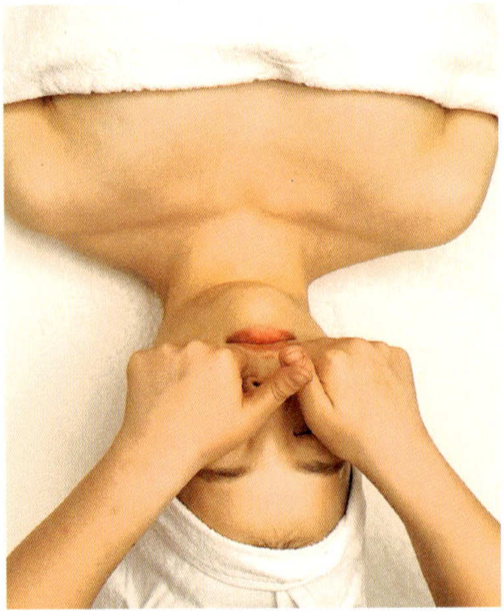
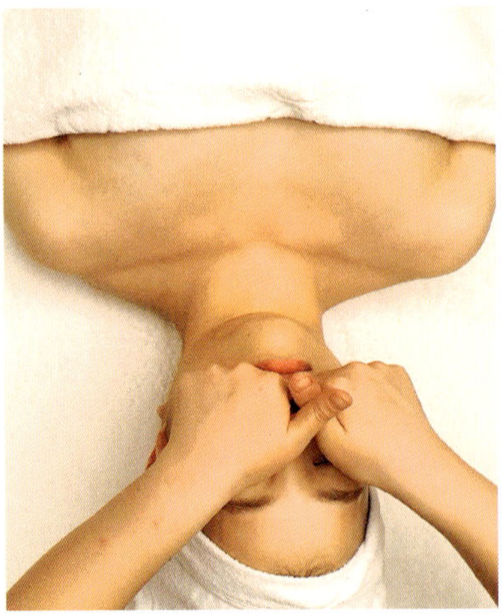
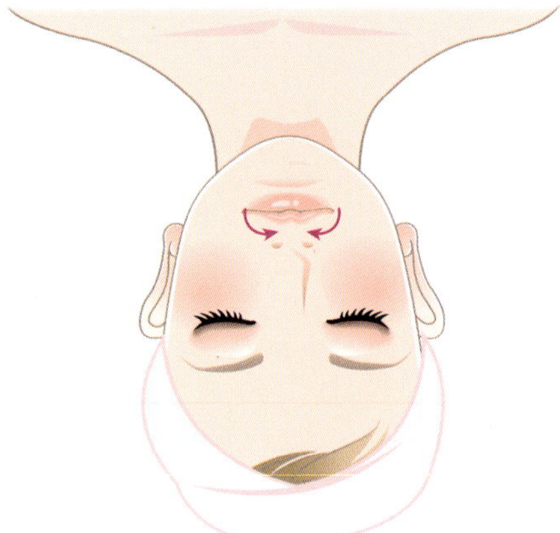

20. 입꼬리 옆에서 인중까지 각권면으로
    끌어올리기 8회

2세트

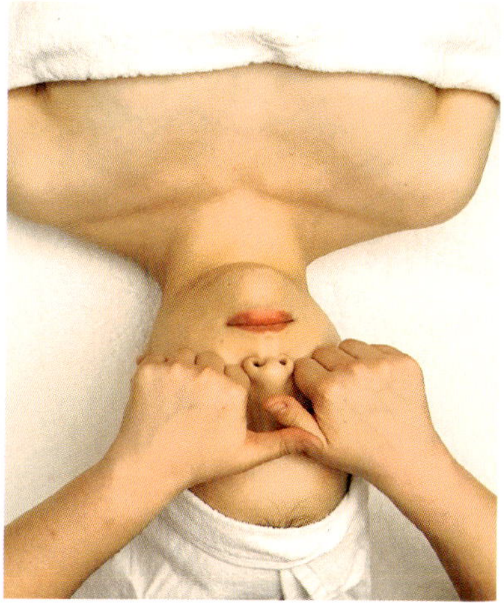

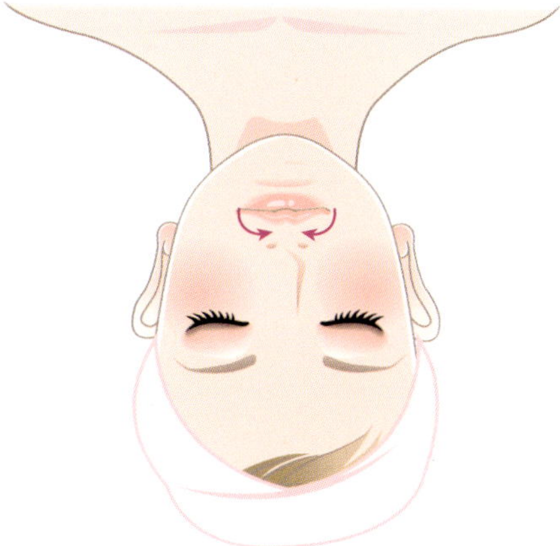

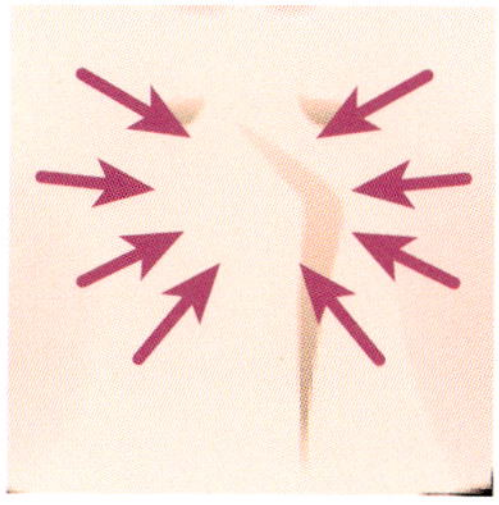

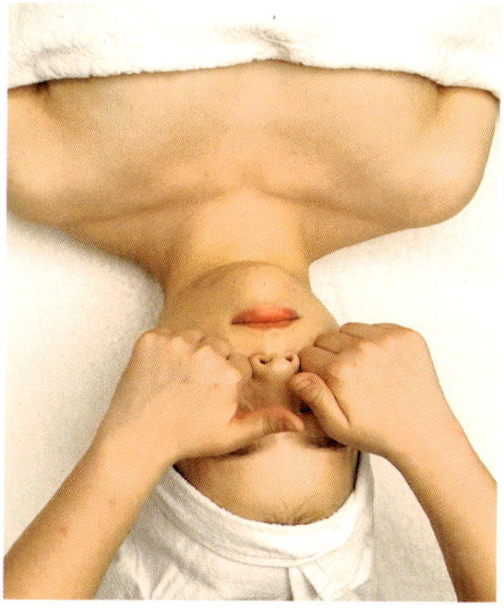

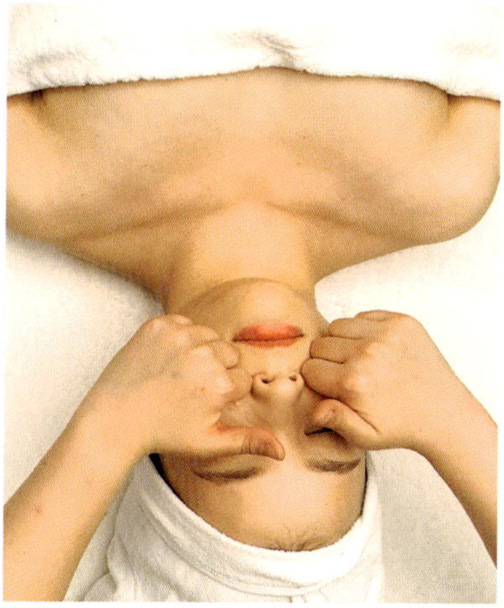

21. 콧볼(위 → 밑) 8지점 각권면으로 90도 모으듯이 쓸기

2세트

※ 주름 모양에 맞춰 + 모양으로 쓸어준다.

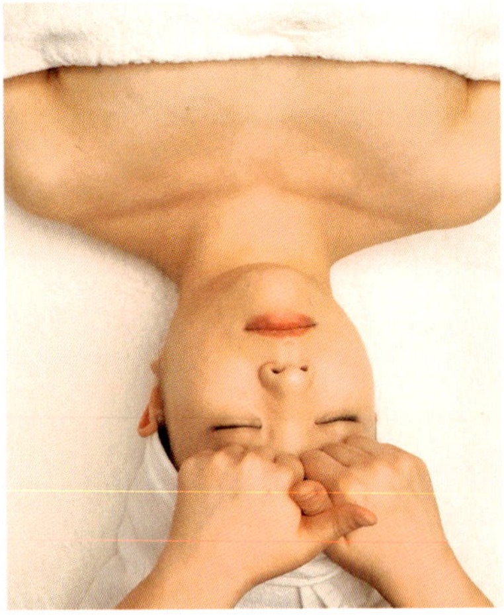

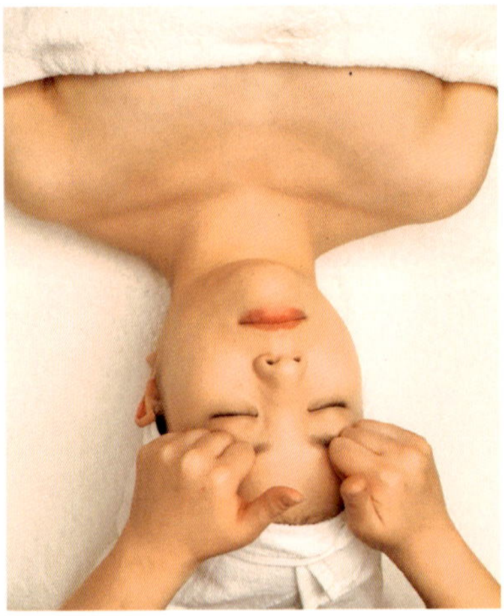

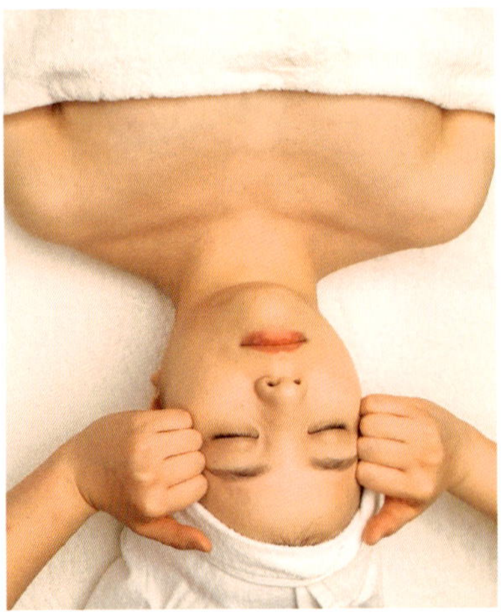

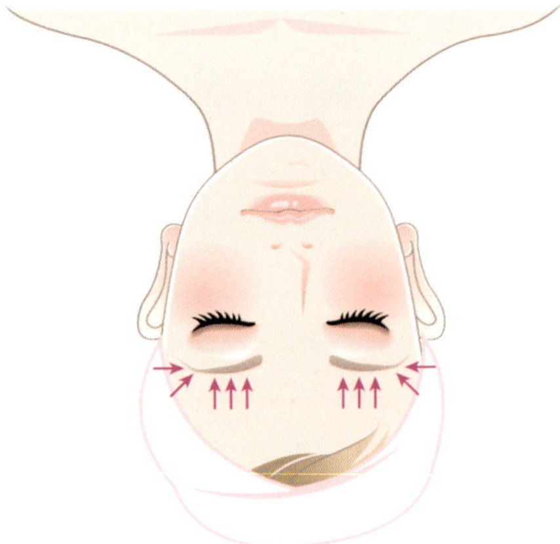

22. 눈썹~관자까지 8지점 각권면으로 말듯이 1회씩 쓸기

2세트

※ 관자에서는 각권이 서로 마주보게 끝나야 한다.

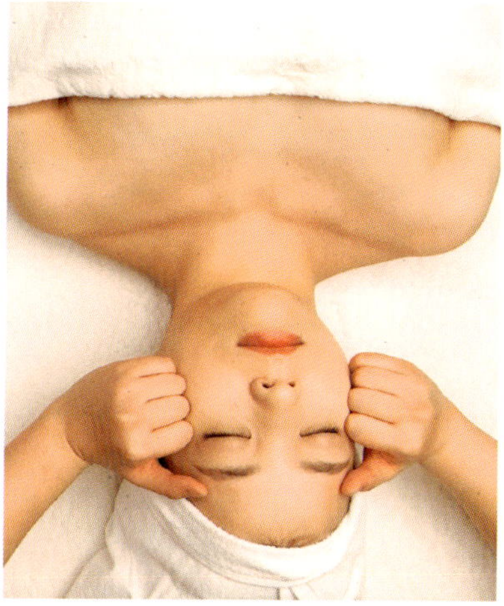

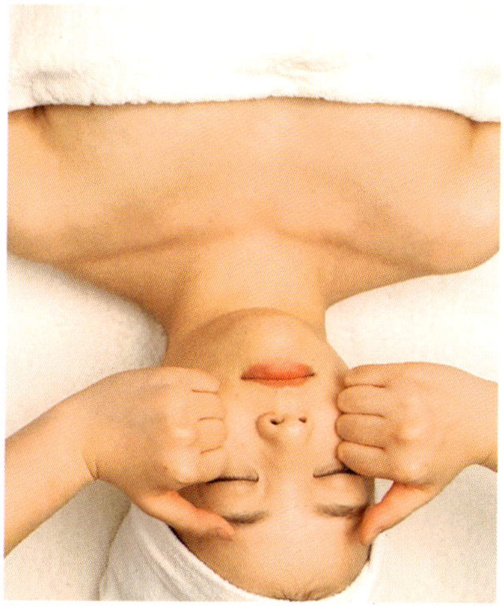

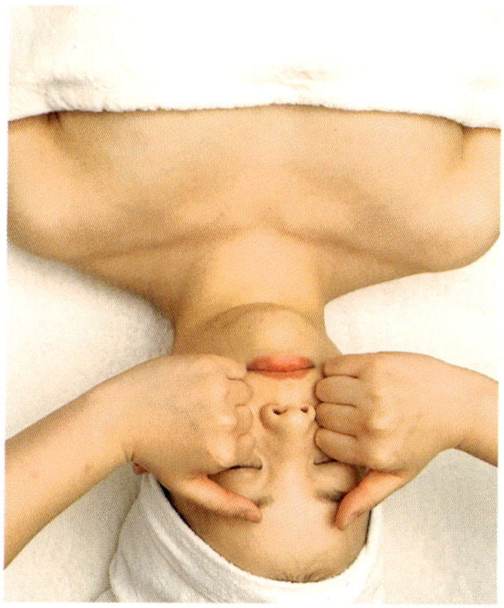

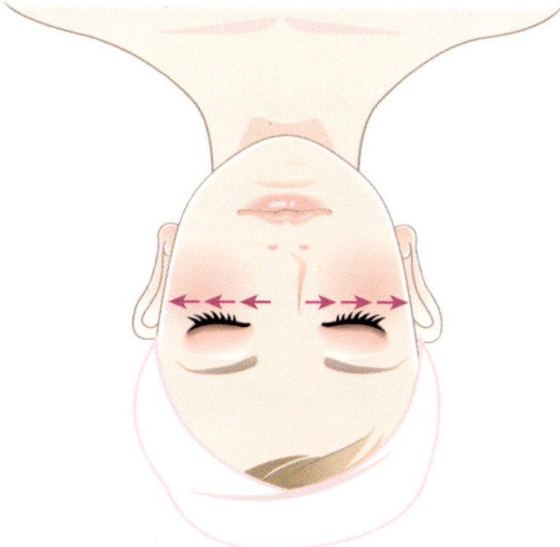

23. 눈밑(밖 → 안) 8지점 각권면 마주보게 두고 빼듯이 반박음질

2세트

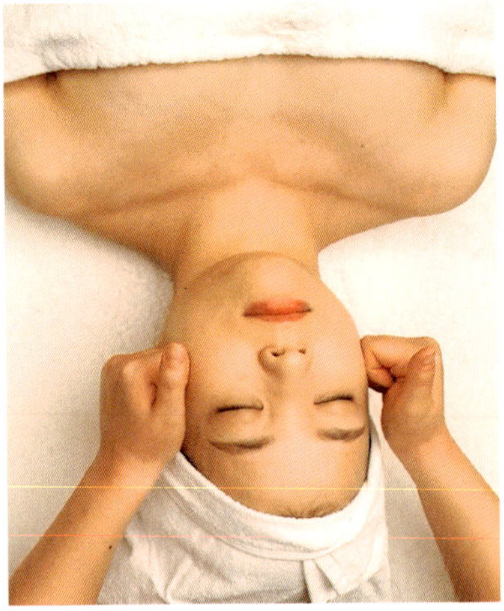

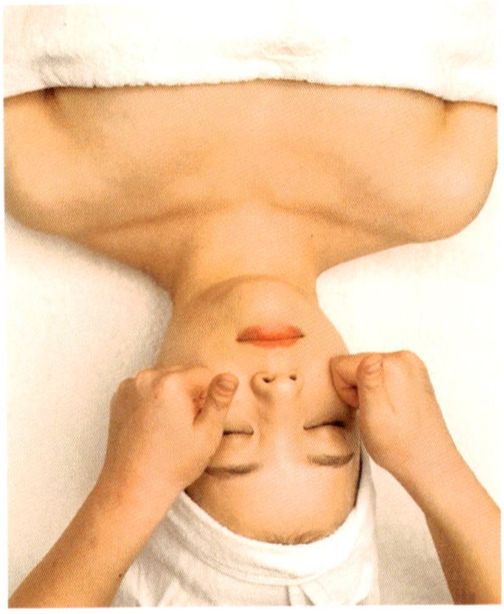

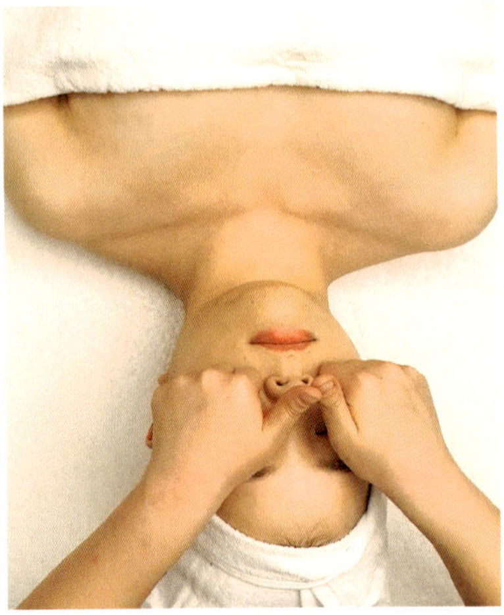

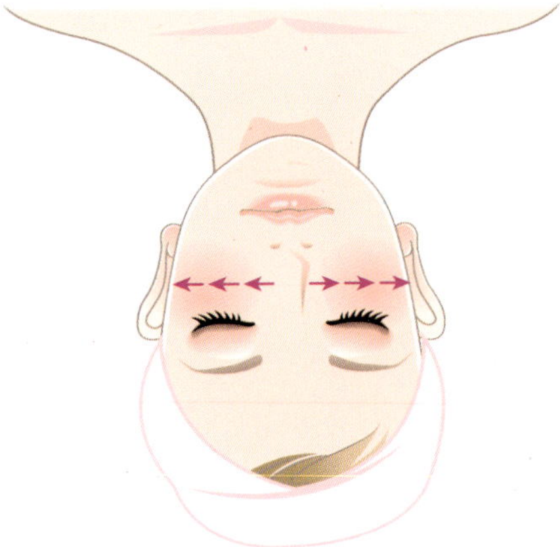

24. 광대(밖 → 안) 8지점 각권면 가로로 두고 빼듯이 반박음질

2세트

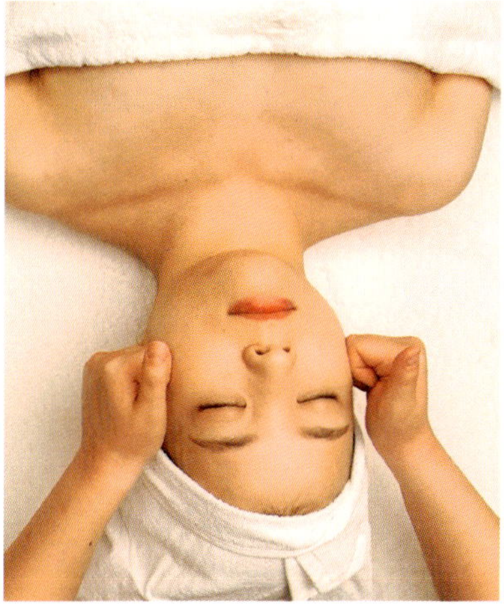

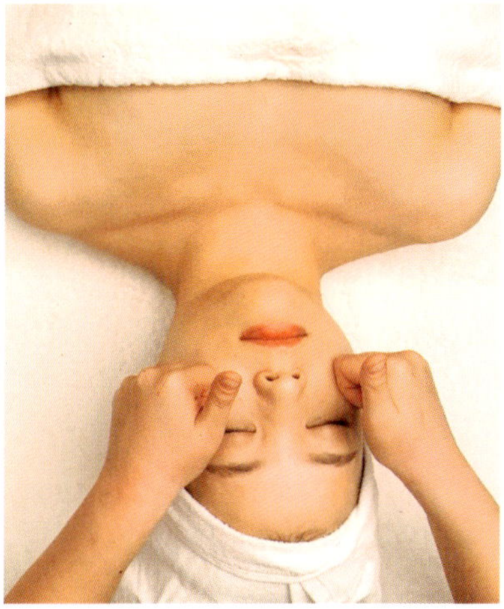

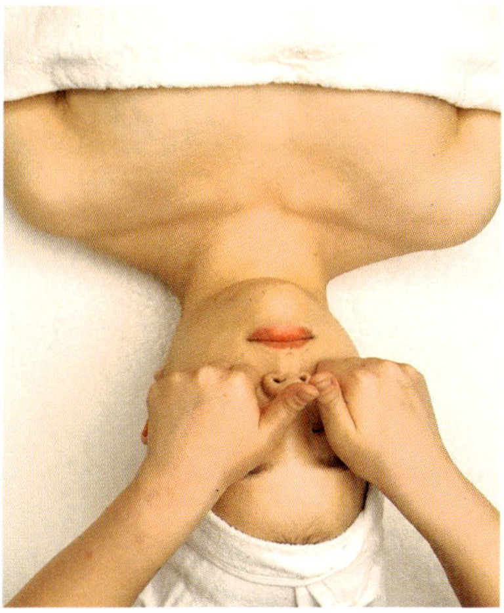

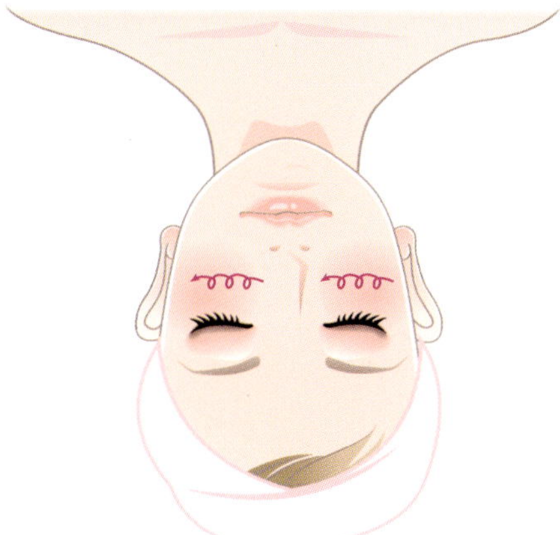

25. 광대(밖 → 안) 8지점 각권면 가로로 두고
    반수영 동글리기

2세트

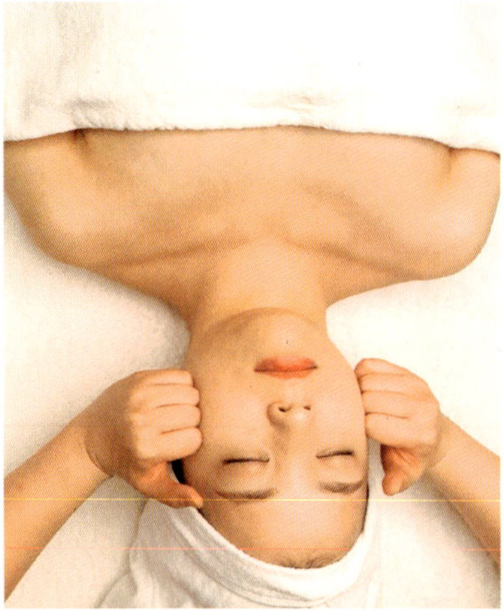

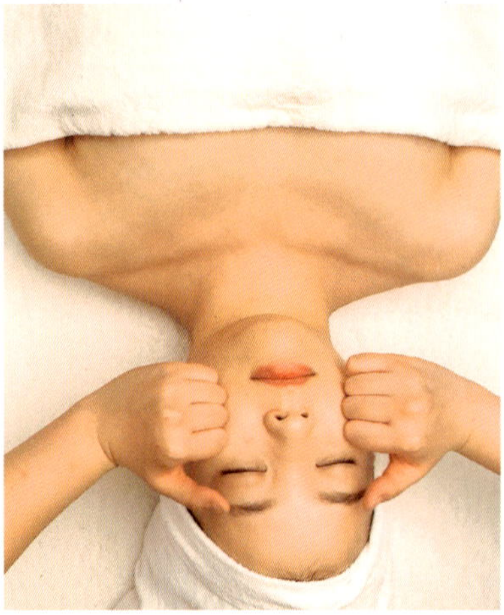

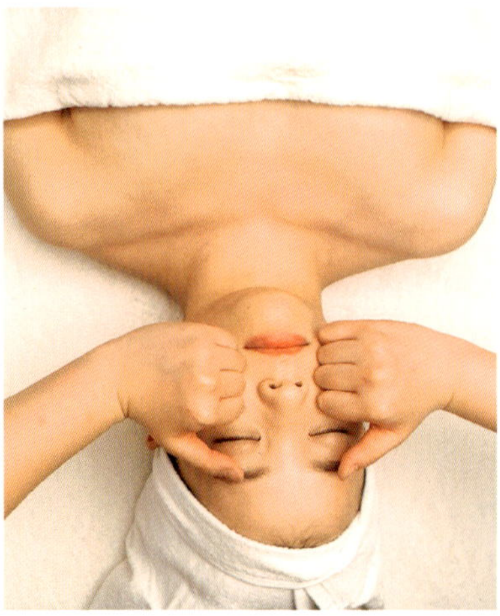

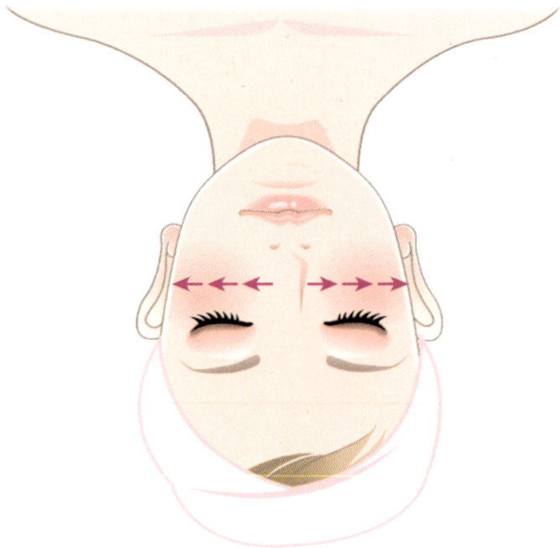

26. 광대(밖 → 안) 8지점 각권면 마주보게 두고
    빼듯이 반박음질

2세트

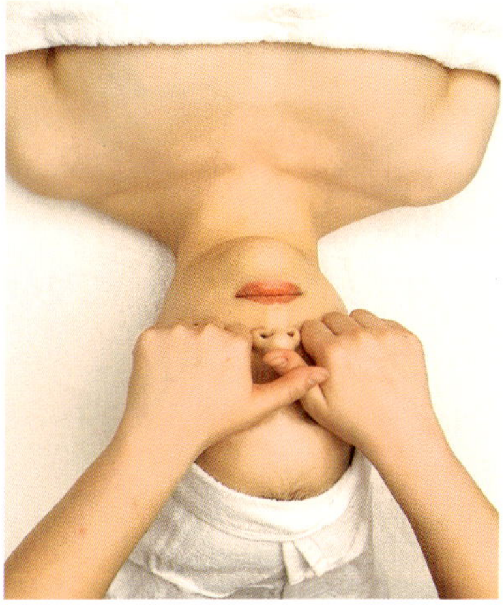

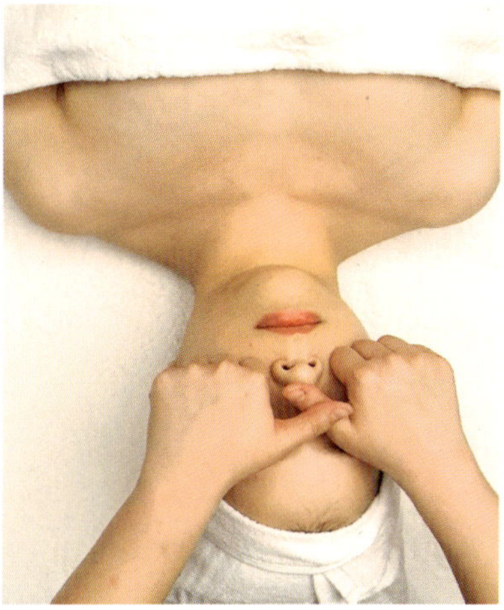

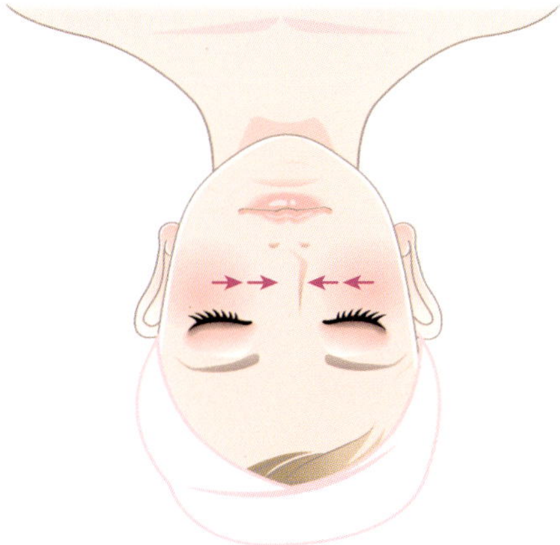

26-1. 상악골(밖 → 안) 8지점

① 각권면 2지로 모으듯이 반박음질

2세트

※ 상악골 → 콧볼옆쪽 쏙 들어간 곳만 관리

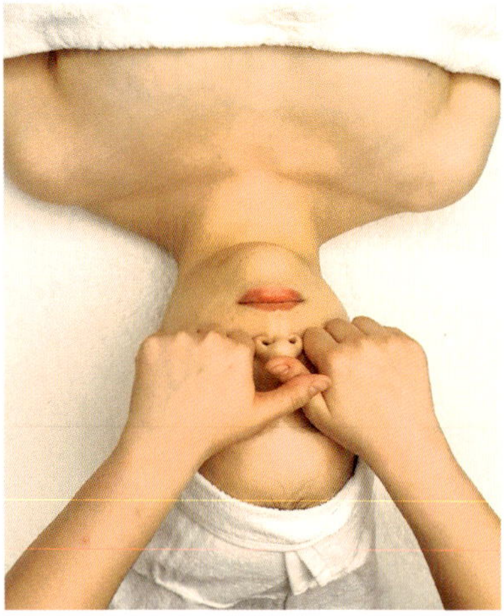

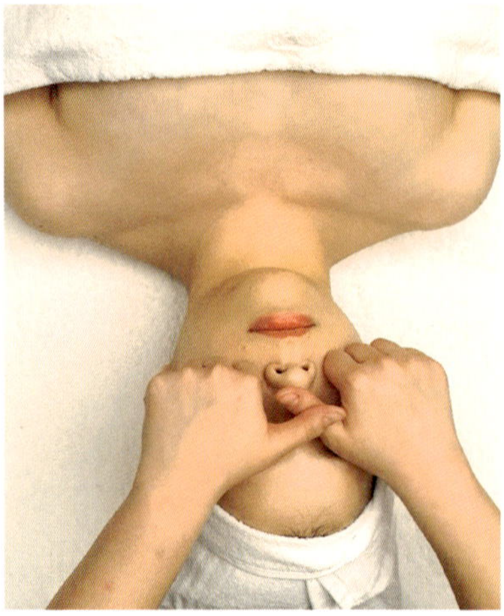

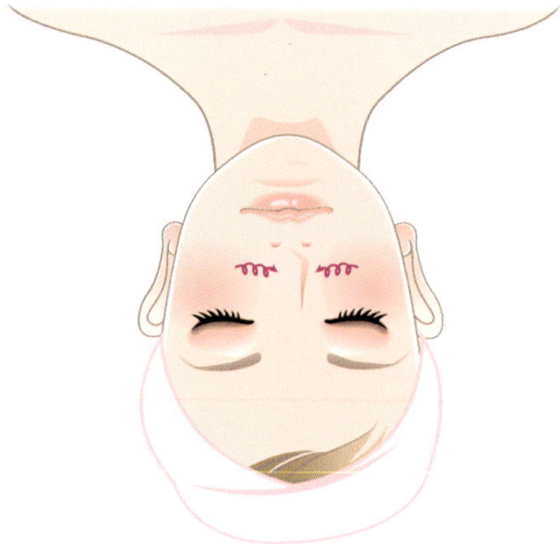

26-2. 상악골(밖 → 안) 8지점

② 각권면 2지로 반수영 방향으로 동글리기 2세트

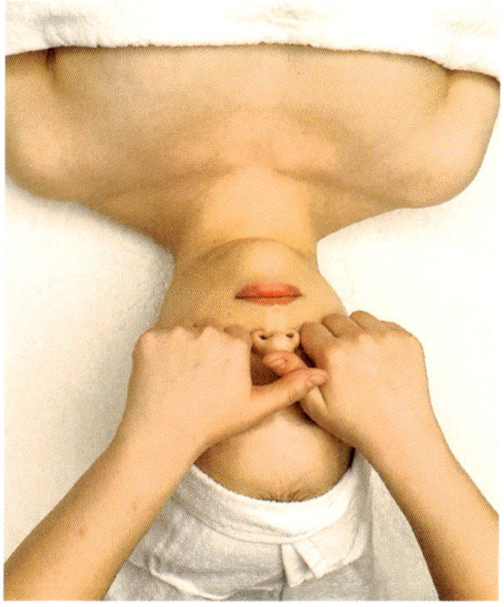

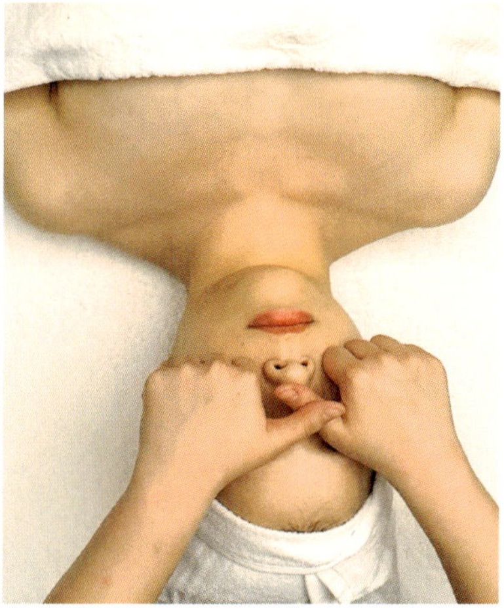

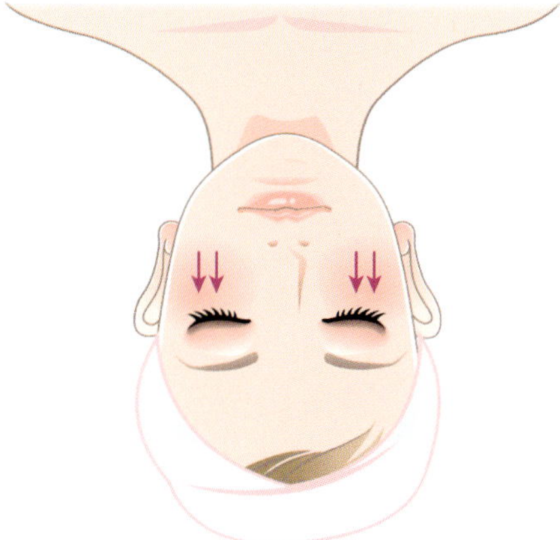

26-3. 상악골(밖 → 안) 8지점

③ 각권면 2지로 1회씩 쓸어올리기

2세트

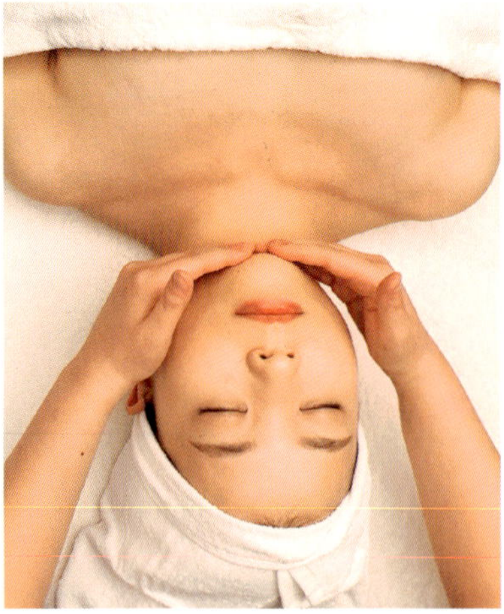

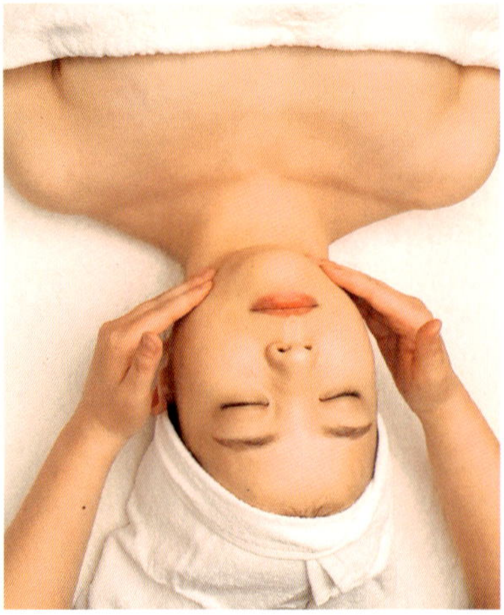

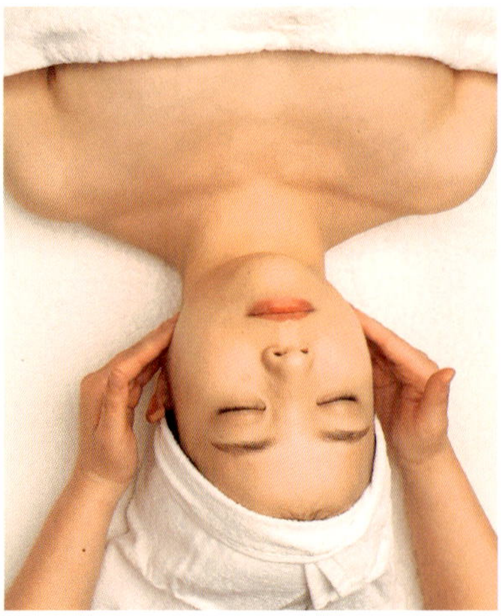

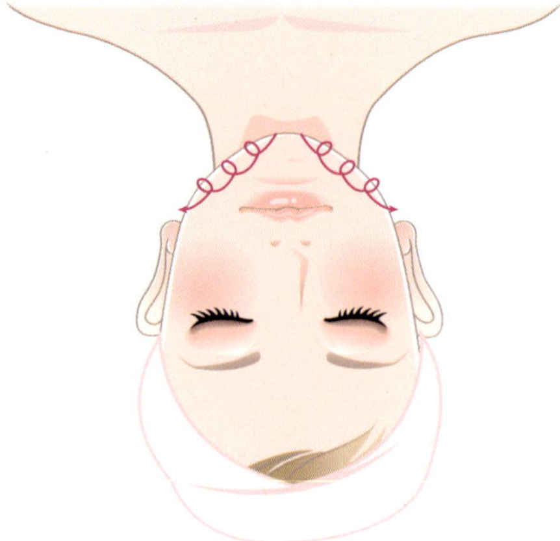

27. 얼굴 10등분으로 나누기 (이중턱×2, 턱선×2, 윗턱×2, 입꼬리옆, 인중옆, 콧볼옆, 광대, 눈밑, 눈썹, 이마) 1등분당 2세트 반복(중앙 → 밖) 8지점 양손 사지 지문으로 반수영 방향 동글리기

27.

참고 사진

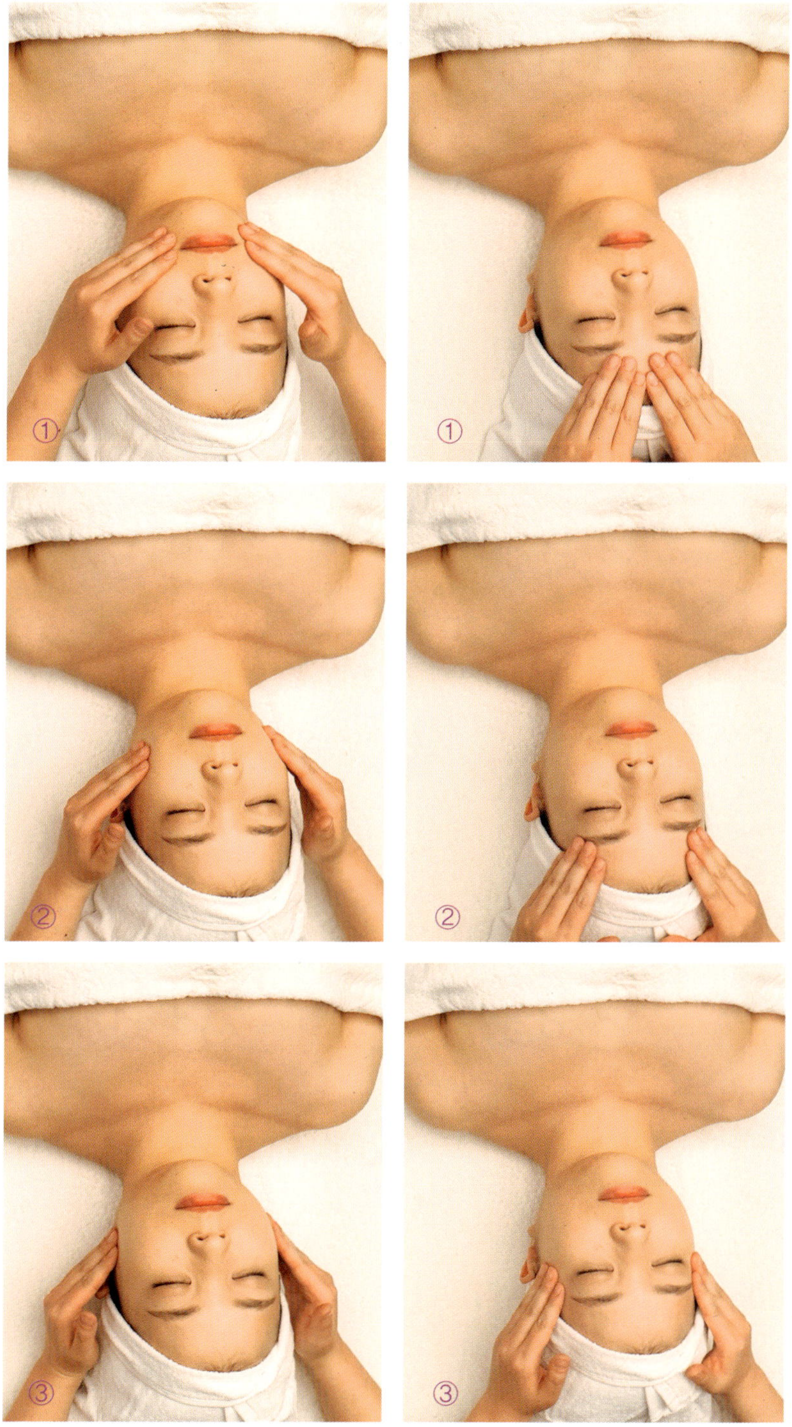

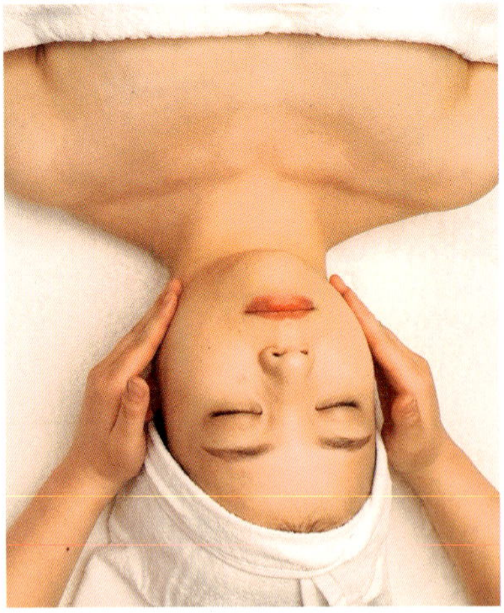

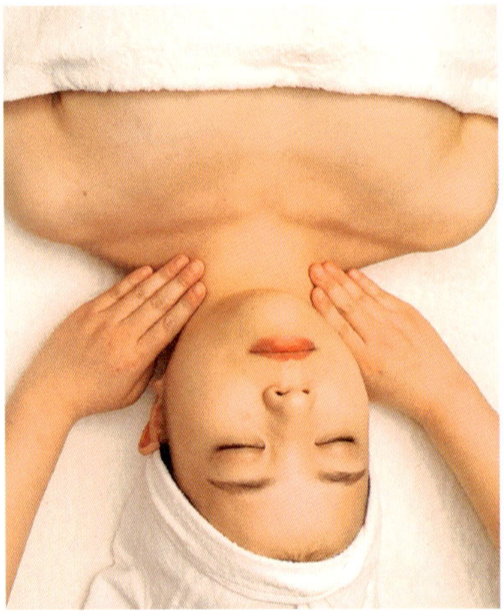

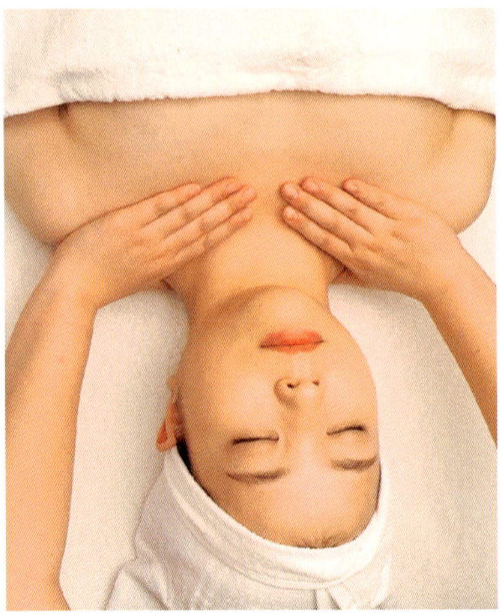

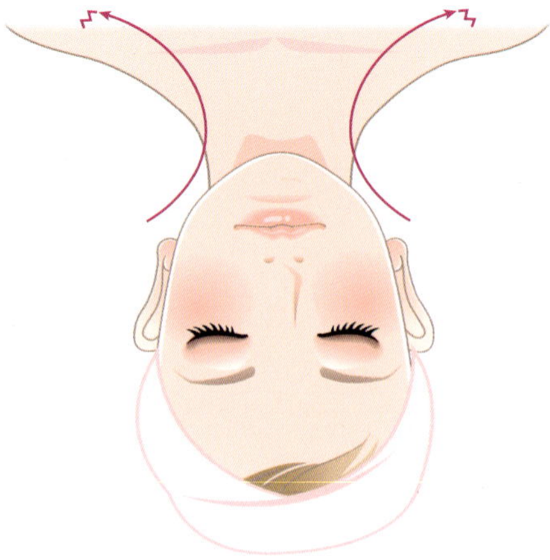

27.에서~28.로 가는 연결동작

얼굴 옆면 타고 내려가기

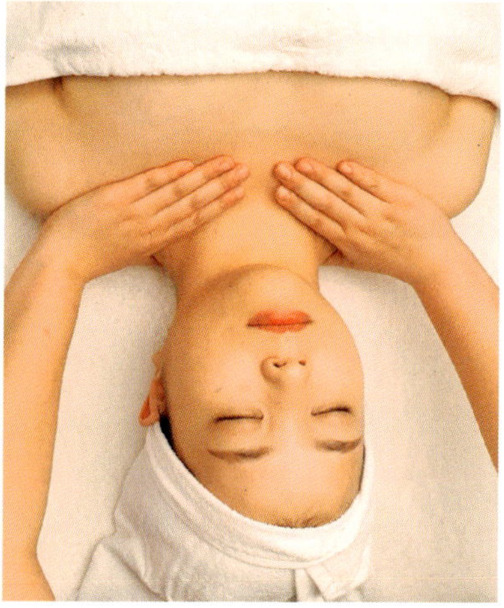

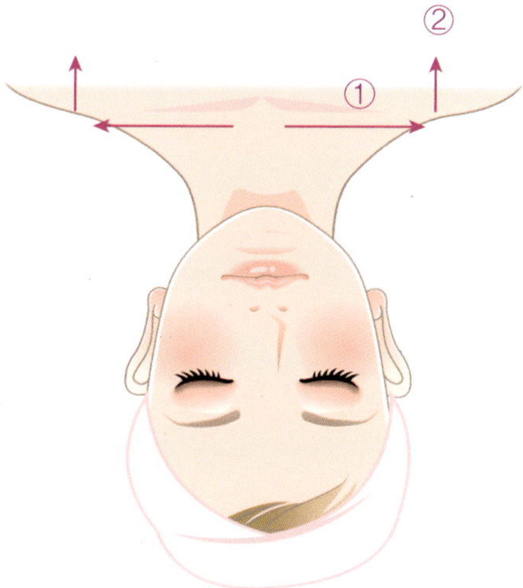

28. 손바닥 전체로 쇄골 펴듯이 밖으로 쓸고 쇄골 끝나는 부위 엄지로 발쪽방향으로 밀기 전체 8회

2세트

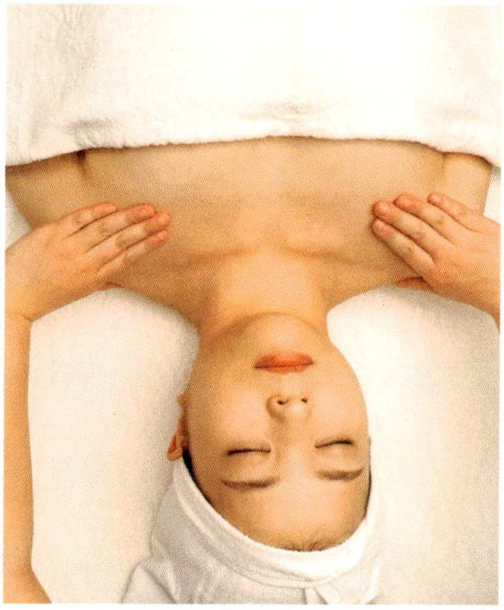

29. 4.~7. 동작 2세트씩 반복하기

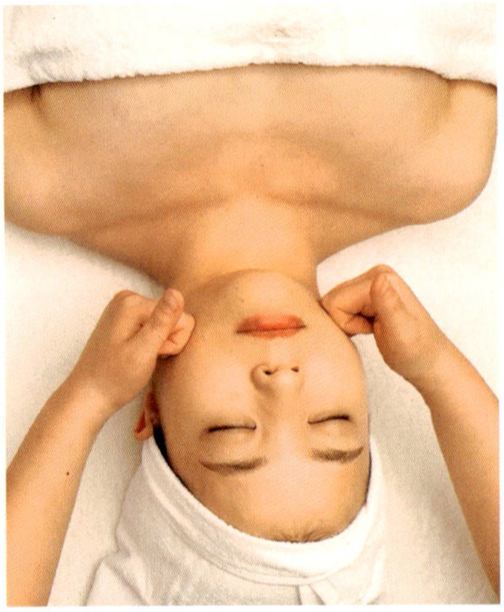

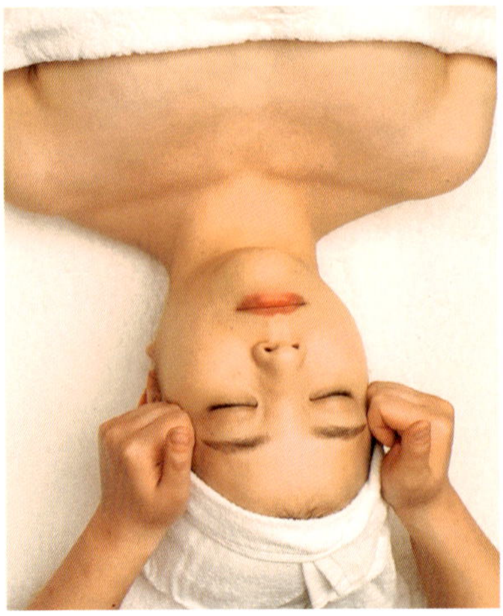

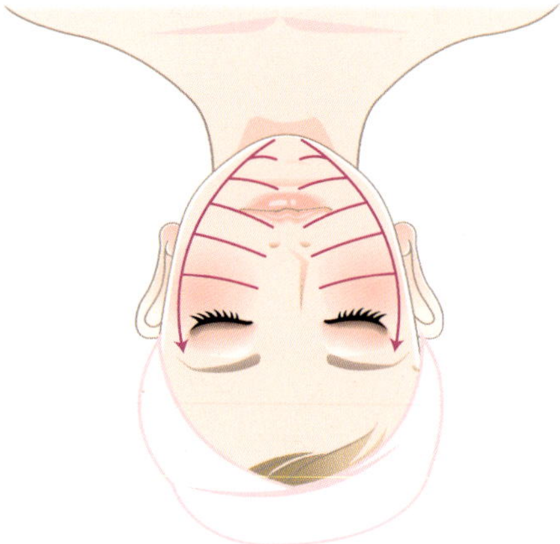

30. 얼굴 8등분 나누기 (이중턱, 턱선, 윗턱, 입꼬리옆, 인중옆, 콧볼옆, 광대, 눈밑) 각권면으로 관자까지 쓸어올리기 2회

2세트

30.
참고사진

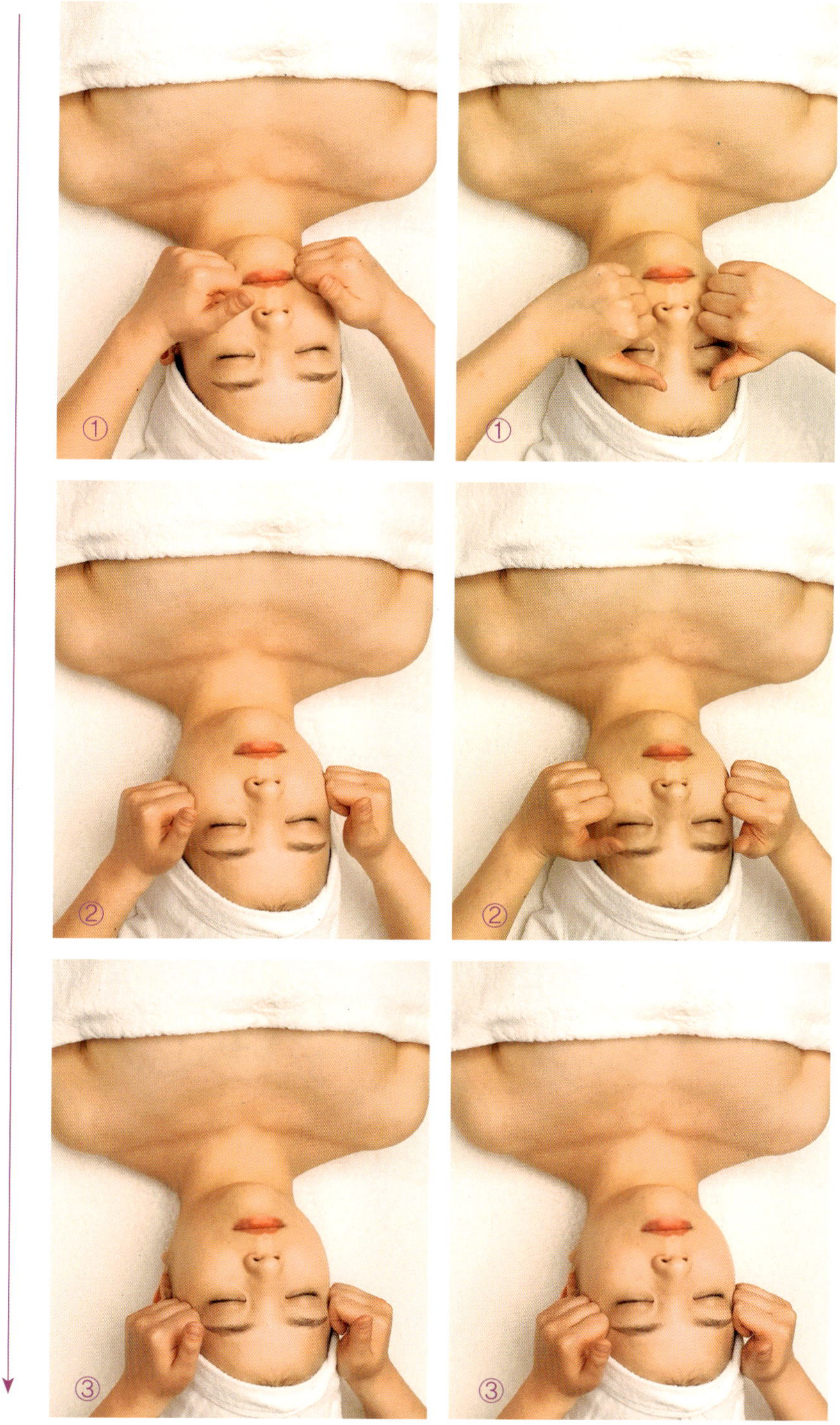

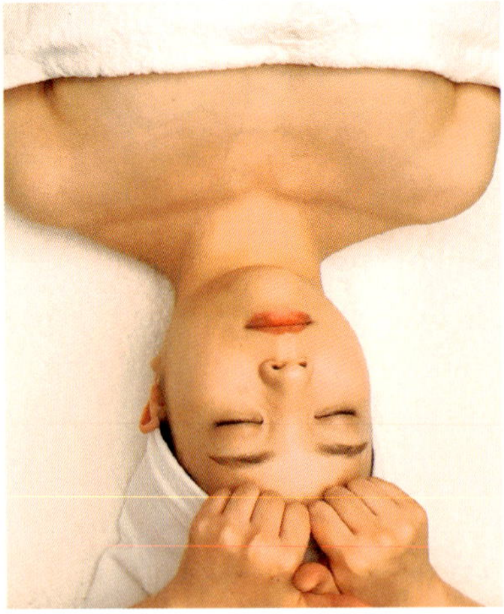

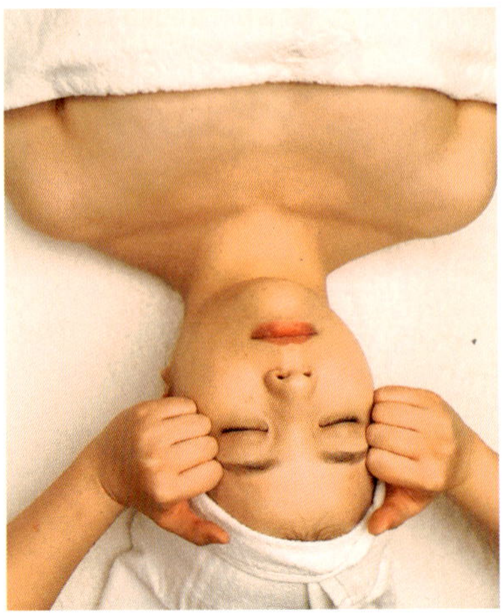

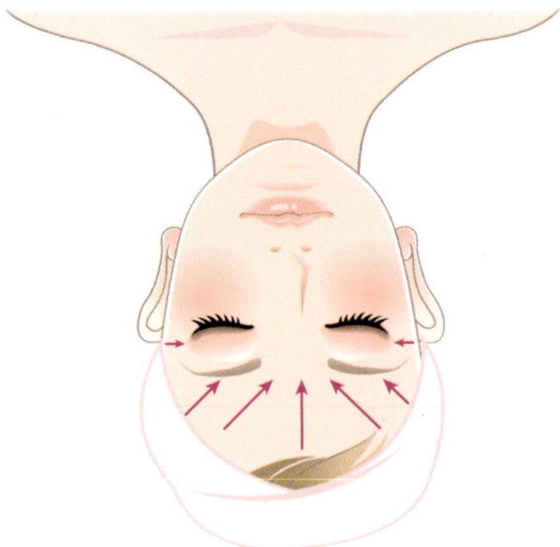

31. 이마 중앙에서 관자까지 8지점 각권면으로 내리듯이 쓸기 1회

2세트

※ 관자에서는 각권이 서로 마주보게 끝나야 한다.

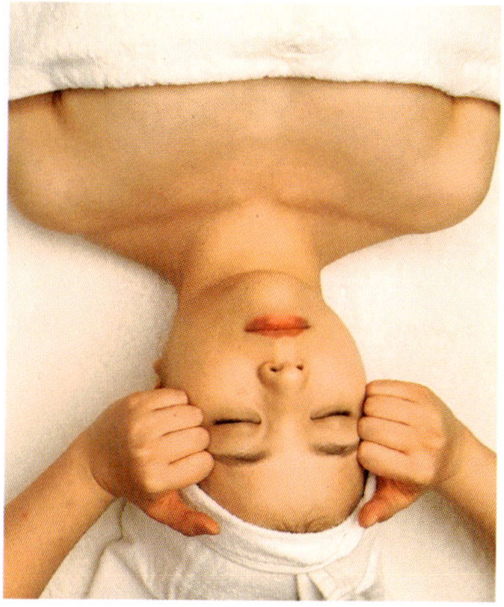

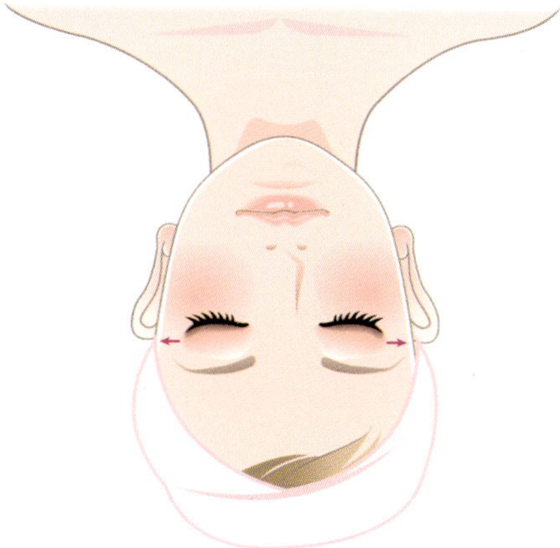

32. 각권면 마주보게 두고 관자 빼듯이 쓸기 8회

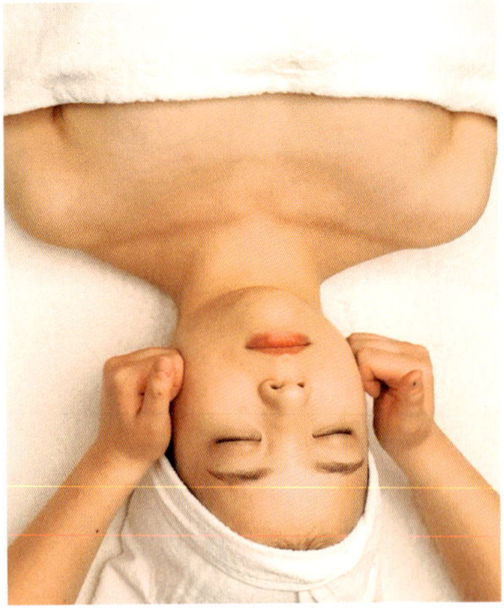

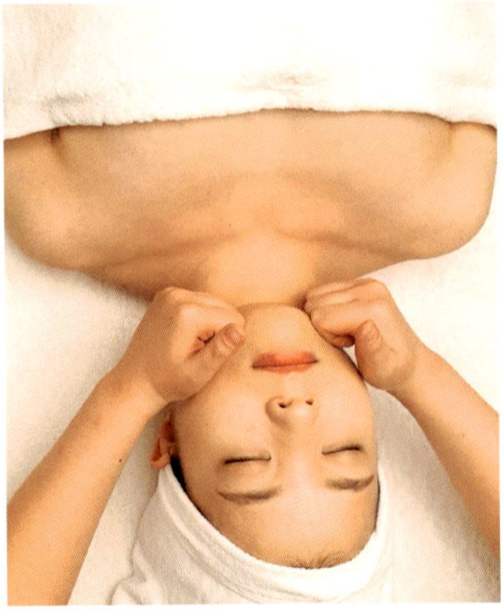

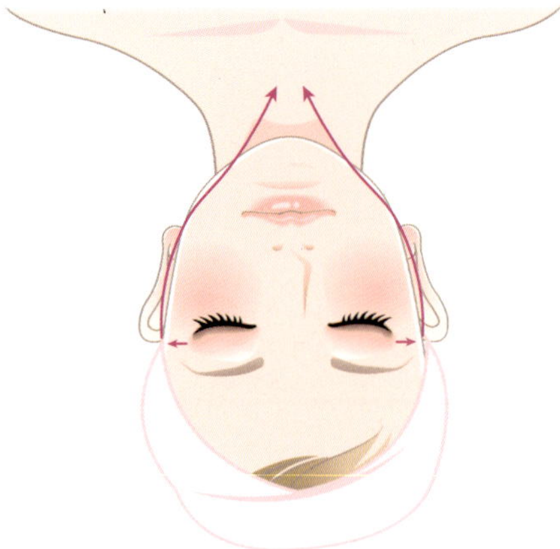

32.에서 내려오는 연결동작 → 얼굴 옆면 타고 내려가 턱끝으로 빼기

※ 냉습포로 닦고 토너정리

Chapter 6

피부미용을 위한 해부생리

1. 세포(Cells)
2. 조직(tissues)
3. 기관(Organs)

Chapter 6 피부미용을 위한 해부생리

1. 세포(Cells)

인체의 세포 : 인체에는 혈구세포, 뇌신경세포, 척수신경세포, 결합조직세포, 뼈세포, 뼈대근육세포, 민무늬근육세포, 난자, 정자 등 여러 형태의 세포들이 있다.

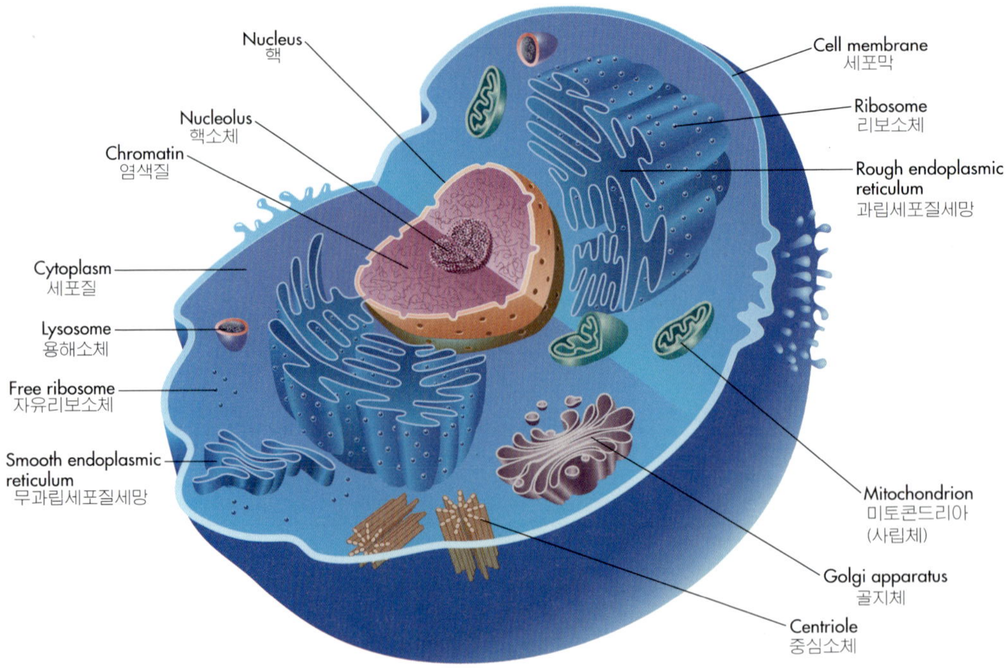

그림 6-1 세포의 구성요소

1. 세포의 구조

(1) 세포막 cell membrane

세포내의 내용물을 고정시켜주는 경계면으로 세포를 보호하는 보호막이다.

세포막을 통해 물질이 들어오고 나간다.

세포막은 선택적으로 투과하며 외부세력으로부터 세포를 보호하고 있다.

세포들은 자신의 구조를 지키고 생존을 위해 보호막인 세포막을 가지고 있다.

(2) 세포질 cytoplasm

세포는 생존을 위해 세포막 내에 특별한 환경인 세포질을 가지고 있다.

세포질내에는 세포의 구성물질인 리보소체, 자유리보소체, 중심소체, 미토콘드리아, 골지체, 과립, 무과립 세포질세망 등의 소기관이 들어있다.

(3) 핵 nucleus

핵은 세포의 중심에 자리잡고 이중막으로 보호되어 있으며 구멍이 있어 핵내외로 물질을 통과시킨다.

핵은 세포의 소기관에 활동을 지시하고 유전자로 유전적인 특징을 결정한다.

2. 세포의 이동

(1) 수동적 이동

① **확산** Diffusion : 물질의 농도가 높은 곳에서 낮은 곳으로 이동하는 것

② **촉진확산** Facilitated Diffusion : 확산의 변이로서 물질이 막을 통과할 때 도움을 받는 것

③ **삼투현상** Osmosis : 물용매이 물질의 농도를 같게 하려고 낮은 농도에서 높은 곳으로 이동하는 현상

④ **삼투압** : 고농도의 물에 녹아있는 물질용질이 물을 당기는 힘. 용질의 농도가 클수록 삼투압도 커진다.

⑤ **여과** Filtration: 압력에 의해 용해된 물질들이 막을 통과하는 것

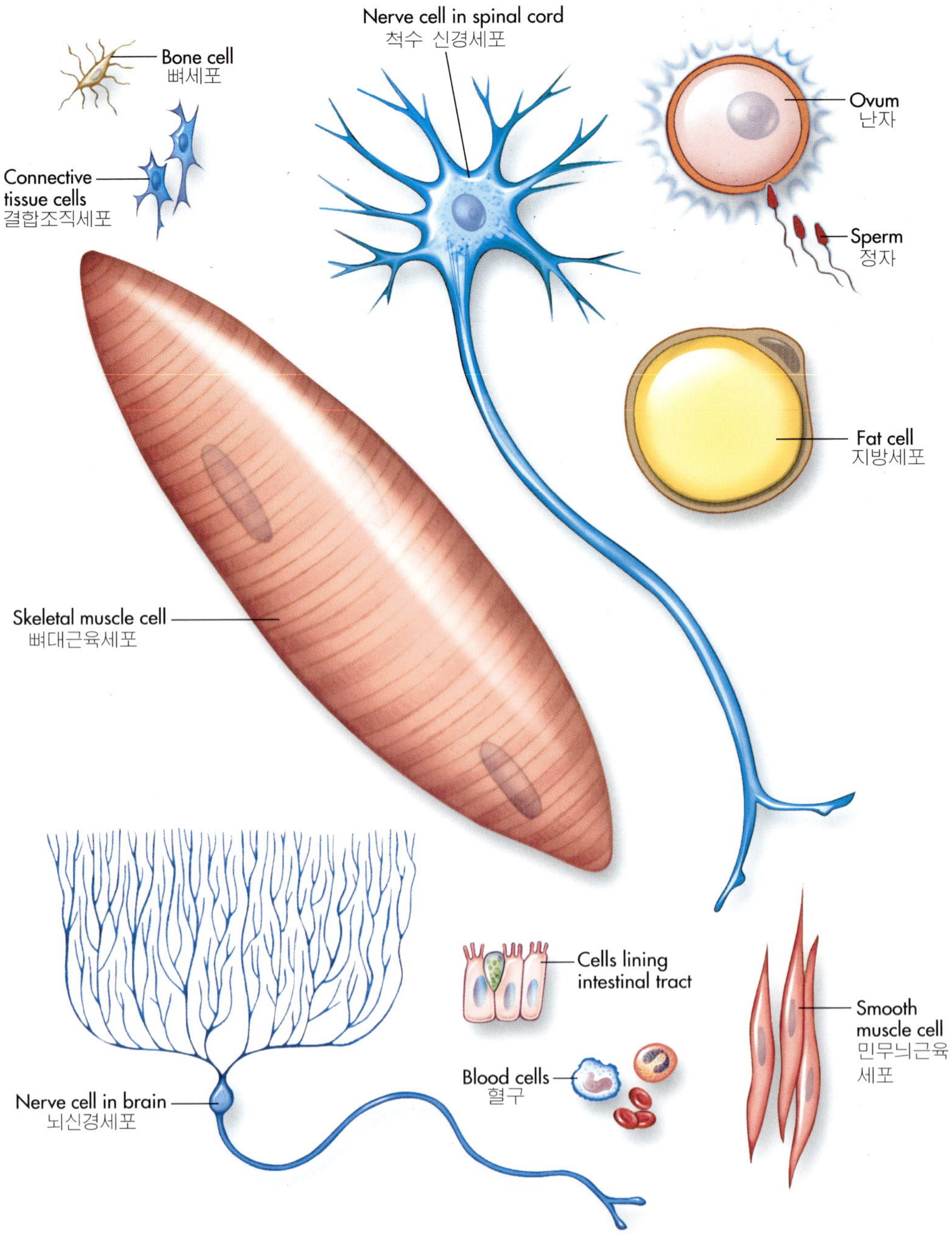

그림 6-2　인체 내에 있는 세포의 여러 형태들

(2) 능동적 이동

① **능동적 이동펌프** active transport pumps : 물질을 이동시키기 위해 아데노신 3인산 ATP이라는 분자 형태의 에너지를 필요로 한다.

② **세포내 이입** endocytosis : 물질이 세포막을 통과하기에 너무 클 때 세포가 액체나 음식물을 섭취하기 위해 필요한 방법

③ **포식작용** phagocytosis : 물질이 고체 입자일 경우 예 : 백혈구가 박테리아에 작용

④ **음세포작용** pinocytosis : 물과 같은 용액을 섭취할 경우

⑤ **세포외 유출** exocytosis : 세포가 물질을 밖으로 내보내는 경우

3. 세포분열

(1) 세포의 유사분열

인체의 세포가 대체될 필요가 있으면 유사분열이 일어난다. 손상된 조직의 복구와 재생, 성장은 유사분열에 의해 이뤄진다.

유사분열이 없으면 인체는 성장하지 못하며 늙거나 손상된 세포가 대체되지 못한다.

뼈, 상피, 피부, 혈구세포 등은 정기적으로 유사분열이 일어나고 있다.

(2) 감수분열 meiosis

생식을 위해 세포분열이 일어나는 것으로 유성생식을 말한다.

세포분열과정에서 세포가 반으로 감소되어 23개의 아버지 염색체와 23개의 어머니 염색체가 쌍으로 합해져서 46개의 인간세포 염색체가 되는 것이다.

2. 조직(tissues)

1. 상피조직

① 모양에 따라 : 편평, 입방, 원주, 이행상피로 나누어진다.

② 배열에 따라 : 단층, 중층상피로 나눈다.

상피막은 상피조직층과 결합조직층으로 구성되어 있으며 피부, 장액막벽측, 내장측, 점액막 3종류로 구분된다.

피부skin, 털hair, 손발톱nails, 땀선sweat glands, 피지선sebaceous glands

2. 결합조직(connective tissue)

기관, 뼈, 신경, 근육, 막 그리고 피부 등 신체 전반에 가장 많이 볼 수 있는 조직으로 결합조직은 구조물의 구조를 유지하고 지지하는 역할을 한다.

① 치밀결합조직dense connective tissue : 힘줄tendon, 인대ligamet, 피부skin

② 윤활막synovial membrane : 뼈와 뼈 사이의 관절에서 발견되는 중요한 막으로 관절이 움직일 때 마찰을 줄이기 위해 윤활액을 생산한다.

③ 지방Fat도 지방조직으로 결합조직에 포함된다.

3. 근육조직 (muscle tissue)

근육muscles : 신체에 움직임을 제공하며, 수축력contractility을 가지고 있다.

근육이란 신축성 있는 모든 조직을 칭하는 일반적 용어로 뼈대근육, 민무늬근육, 심장근육이 중요하다.

뼈대근육은 뼈에 부착되어 있으며 줄무늬가 있어 줄무늬근육이라고도 한다. 운동으로 발달시킬 수 있는 의지로 조절할 수 있는 수의근이다.

민무늬근육은 내장기관, 혈관, 기도 등에 있어 내장근육이라고도 하는데 스스로 움직이는 불수의근이다. 소화기관에서 꿈틀운동을 일으키며 혈관을 수축하고 확장하여 혈액의 흐름을 조절하기도 한다. 기도의 직경을 변화시켜 공기의 흐름을 촉진시키기도 한다.

심장근육은 심장에만 있으며 불수의근이다. 심장벽을 만들며 심장을 수축하여 혈액순환이 일어나게 한다.

(1) 얼굴 근육 안면근의 구조와 기능

① **모상건막**

눈썹의 추미근을 당겨 올리거나 이마주름을 형성하는 데 관여한다.

② **전두근** 이마힘살

놀란 표정, 이마주름, 눈썹 들어 올림에 관여한다.

③ **측두근** 관자근

음식을 씹을 때 관여하는 근육으로 하악골을 위쪽, 뒤쪽방향으로 당기는 역할을 한다.

④ **추미근** 눈썹주름근

눈썹의 위쪽, 아래쪽방향으로 움직임 및 미간의 주름을 만드는 데 관여한다.

⑤ **안륜근**

안와부 : 눈을 꼭 감을 때 관여한다.

안검부 : 눈을 살짝 감을 때 관여한다.

⑥ **비근** 코근

코의 움직임, 콧구멍 크기 조절, 비공확장에 관여한다.

⑦ **상순거근** 윗입술올림근

윗입술 외측부를 위로 당겨 불쾌한 표정에 관여한다.

⑧ **소관골근** 작은관골근

윗입술을 위로 당겨 못마땅한 표정에 관여한다.

⑨ **대관골근** 큰관골근

구각을 위방향, 바깥쪽으로 당겨 웃는 표정에 관여한다.

⑩ **구각거근** 입꼬리올림근

구각을 위방향으로 당기는 근육이다.

⑪ **구륜근** 입둘레근

입을 벌리고 닫는 데 관여한다.

⑫ **소근** 입꼬리당김근

구각을 바깥방향으로 당겨서 보조개를 만들 때 관여한다.

⑬ **구각하체근** 입꼬리내림근

구각을 아래방향으로 당겨 슬퍼서 눈물 흘리는 표정을 만드는 데 관여하는 근육이다.

⑭ **협근** 볼근

뺨의 넓고 얇은 근육으로 볼을 압박하여 공기를 내보낼 때 관여하고, 구강의 음식물을 치아 쪽으로 내보내는 데 관여한다.

⑮ **교근** 깨물근

광대뼈에서 시작해서 아래턱뼈로 이어져 턱의 측면에 있으며, 음식물을 씹는 데 관여한다.

⑯ **하순하체근** 아랫입술내림근

아래입술을 아래쪽방향으로 당겨 입을 앞으로 내미는데 관여한다.

⑰ **이근** 턱근

턱부위 주름 및 구각 입의 양끝을 위방향으로 올리는 데 관여한다.

⑱ **광경근** 넓은목근

목 전체의 주름에 관여, 구각을 아래방향으로 당겨 슬픈 표정에 관여한다.

⑲ **흉쇄유돌근** 흉골쇄골유돌기근

머리를 상하로 움직이거나 좌우로 방향을 바꿀 때 관여한다.

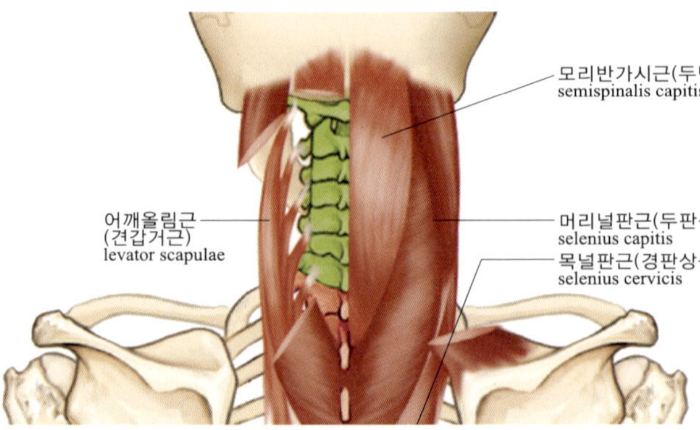

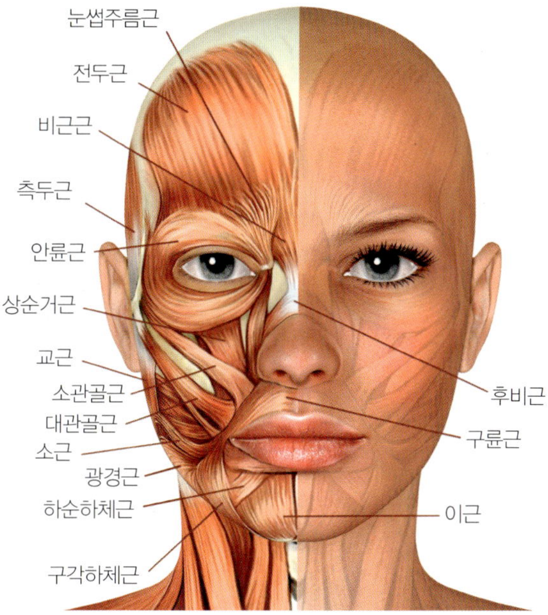

4. 신경조직(nervous tissue)

① 신체의 내부와 외부에서 발생되는 정보를 빠르게 전달한다.

② 근육이나 분비선을 작동시키는 메신저 역할을 담당한다.

③ 신경세포는 뉴런과 아교세포의 두 종류로 나누어진다.

- 뉴런신경세포, nueron : 정보 전달
- 아교세포glia : 신경세포를 지지하고 도움, 신경아교세포라고도 한다.
- 가지돌기dendrites : 정보를 세포체cell body로 받아들이는 부분
- 축색axon : 세포체에서 정보를 전달하는 부분

④ 뇌척수막meninges : 뇌와 척수를 싸고 있는 막

⑤ 신경조직의 주요한 부분 : 신경세포교세포나 신경원세포, 척수와 척수액, 말초신경, 뇌

⑥ 특수감각기관에는 눈시각, 코냄새, 혀맛, 귀소리와 평형가 있다.

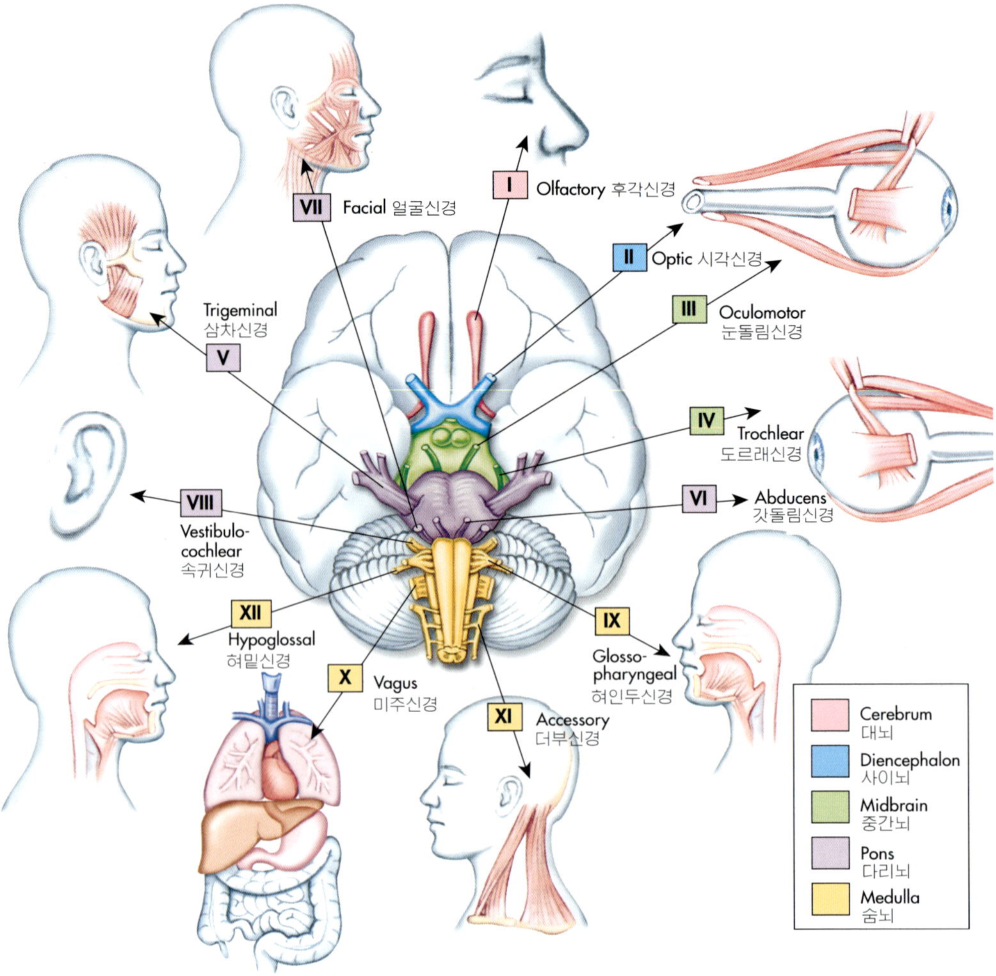

그림 6-3 뇌신경

기관		일차적인 기능
중추신경		신경계의 조절 중추 : 정보처리, 다른 시스템의 단기조절
	뇌	복잡한 기능의 통합을 수행, 수의적 활동 조절
	척수	뇌로(뇌에서) 정보 전달 많은 반사활동을 직접 수행
말초신경		• 뇌, 척수 이외의 다른 계통과 감각기관을 중추신경계에 연결 • 감각계는 입력, 운동계는 출력 • 운동계통은 체성신경과 자율신경으로 나누어짐 • 자율신경은 교감신경과 부교감신경으로 구분 : 혈압, 심장박동, 소화, 발한, 호흡 등 생리적 기능 조절

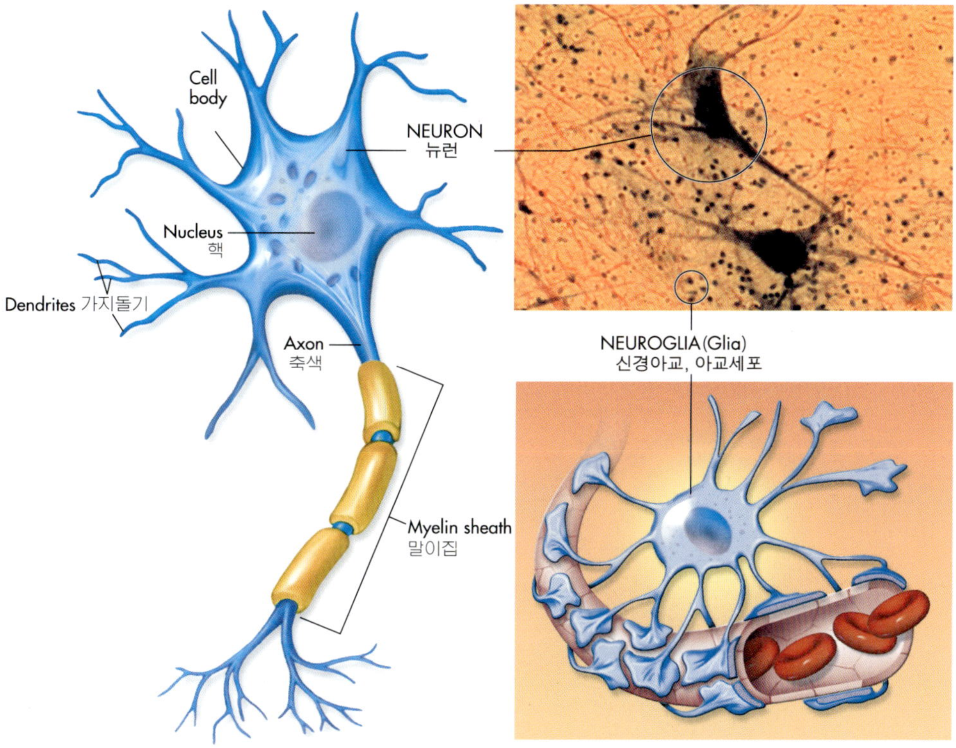

그림 6-4 두 가지 신경세포의 형태

3. 기관(Organs)

① **기관** : 두 개 이상의 조직이 어떤 일을 수행하기 위해 모여 있는 상태

② **신체의 기관** : 심장, 허파, 위, 간, 콩팥

③ 허파와 콩팥 같이 쌍으로 된 기관은 하나만 건강해도 생존에 지장이 없다.

④ **생명기관** : 그 기관이 없으면 생존할 수 없는 중요한 장기를 생명기관이라고 한다.

⑤ 막창자끝부분, 쓸개, 지라는 없어도 생존에는 지장이 없다.

4. 계통(systems)

1. 내분비계통

내분비계통은 천천히 신체기관 전반의 조절을 담당하는 중추이다.

(1) 호르몬의 종류

1) 시상하부에서 분비되는 호르몬

① 성장호르몬 방출호르몬GHRH : 뇌하수체에서 성장호르몬방출을 증가시킴

② 성장호르몬 억제호르몬GHIH : 뇌하수체에서 성장호르몬방출을 억제시킴

③ 부신피질자극호르몬 방출호르몬CRH : 뇌하수체에서 부신피질자극호르몬방출을 증가시킴

④ 생식샘자극호르몬 방출호르몬GRH : 뇌하수체에서 황체형성호르몬과 난포자극호르몬의 방출을 증가시킴

⑤ 갑상샘자극호르몬 방출호르몬TRH : 뇌하수체에서 갑상샘자극호르몬방출을 증가시킴

2) 뇌하수체에서 분비되는 호르몬

① 항이뇨호르몬ADH : 신장에서 수분의 재흡수를 증가시켜 혈액량을 많게하고 혈액을 희석시킴

② 옥시토신Oxytocin : 자궁의 수축을 증가시킴

③ 성장호르몬GH : 조직의 성장을 빠르게 함

④ 갑상샘자극호르몬TSH : 갑상샘호르몬의 분비를 증가시킴

⑤ 부신피질자극호르몬TCTH : 부신샘에서 스테로이드 분비를 증가시킴

⑥ 프로락틴젖분비호르몬Prolactin : 유즙의 분비를 증가시킴

⑦ 항체형성호르몬LH : 정자와 난자를 생산하도록 고환, 난소를 자극시킴

⑧ 난포자극호르몬FSH : 에스트로겐의 분비와 정자생산을 증가시킴

(2) 호르몬의 기능

① **뇌하수체** pituitary gland : 다른 내분비샘을 조절하고 성장과 체액균형을 조절한다.

② **갑상샘** thyroid gland : 조직세포의 대사율을 조절하고 칼슘의 수준을 조절한다.

③ **부갑상샘** parathyroid gland : 갑상샘과 함께 칼슘흡수를 조절한다.

④ **이자** pancreas : 이자에서 분비하는 호르몬은 혈당을 알맞게 조절하는 역할을 한다. 인슐린은 혈당을 저하시키고, 글루카곤은 혈당을 증가시킨다.

⑤ **부신** adrenal gland : 부신에서 분비되는 호르몬은 체액의 균형과 조직대사를 조절하고 심혈관계와 호흡기계의 활동을 조절해준다. 에피네프린과 노르에피네피린, 아드레노 코르티코 스테로이드가 분비된다.

⑥ **가슴샘** Thymus gland : 타이모신 thymosin이라는 호르몬을 생산하는데 이 호르몬은 아동기에 감염을 일으키는 세균과 대응할 수 있도록 백혈구를 성숙시킨다.

⑦ **생식샘** The Gonads : 난소와 고환에서 난자와 정자를 생산하고 저장한다. 남자의 생식샘에서는 테스토스테론 Testosterone을 여자의 생식샘에서는 에스트로겐 Estrogen과 프로게스테론 Progesterone을 생산한다.

⑧ **솔방울샘** pineal gland : 멜라토닌을 분비한다.

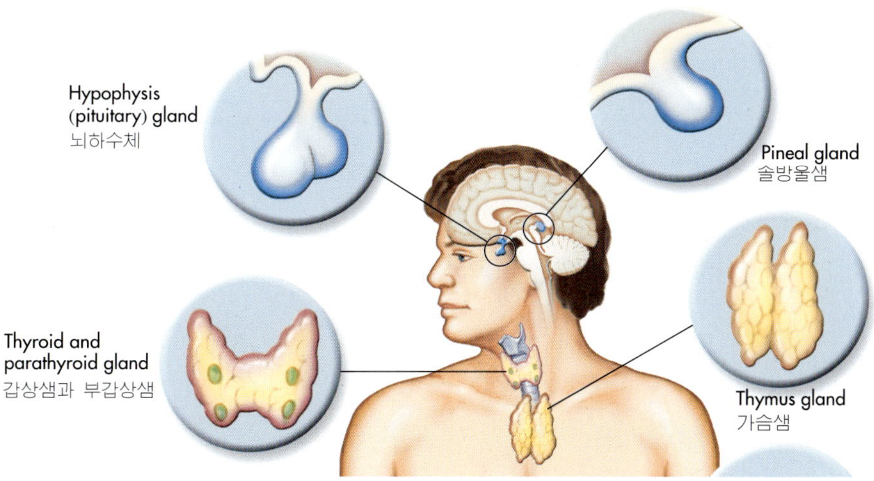

그림 6-5 내분비 계통

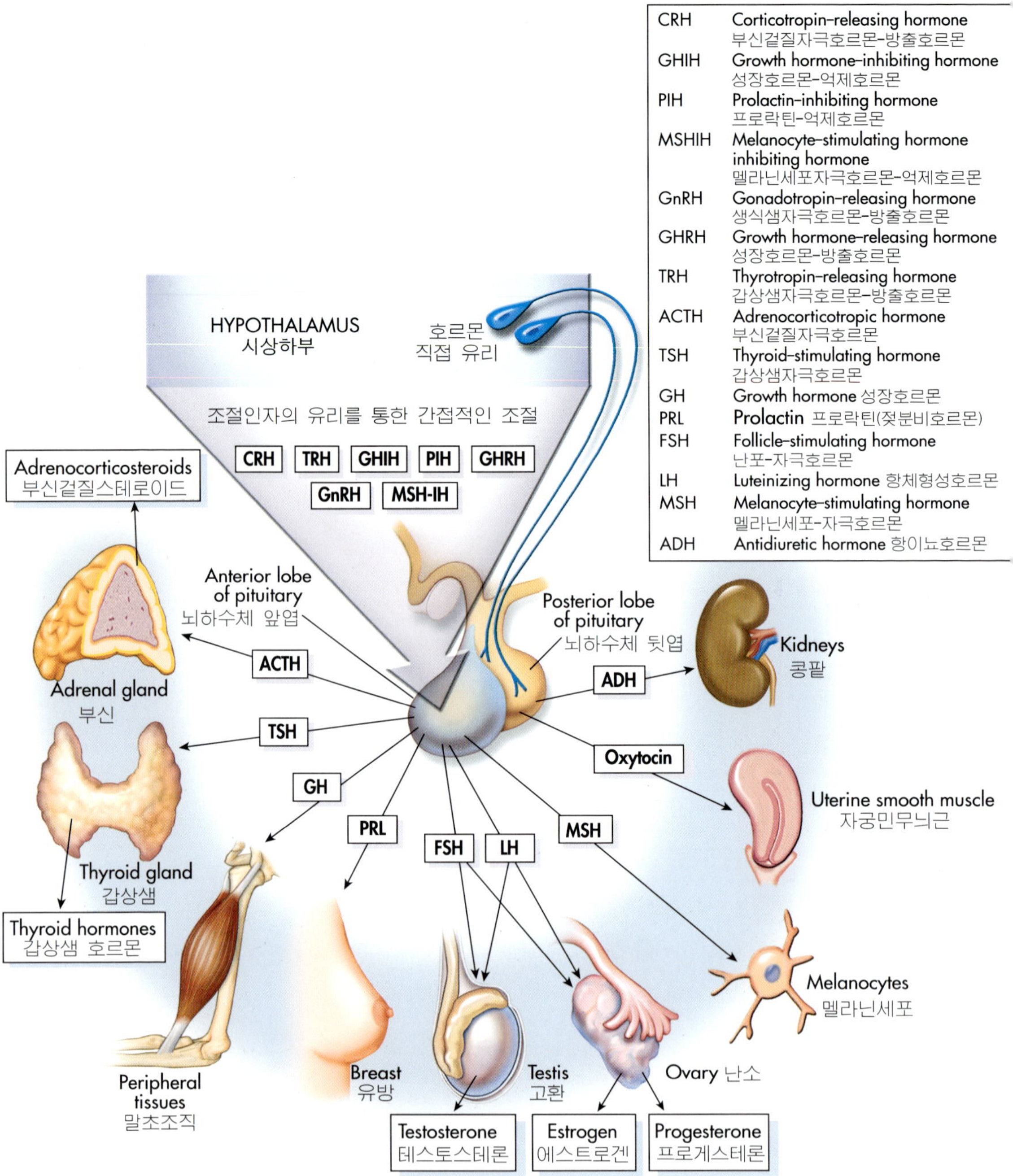

그림 6-6 시상하부와 뇌하수체 앞엽·뒷엽 및 표적장기와 연관된 호르몬들

2. 심혈관계통

심장heart, 혈액blood, 동맥arteries, 정맥veins

우리 몸에서 각각의 세포에게 필요한 중요한 이동시스템

물·산소·영양분 등 생명에 필요한 다양한 물질을 세포에 전달하고, 세포가 생산하는 노폐물을 받아들인다.

심장은 펌프기능과 혈압을 유지하는 기능을 하고 혈관은 동맥, 모세혈관, 정맥으로 구성되어 있는데 동맥은 심장에서 모세혈관으로 혈액을 운반하고, 모세혈관은 혈액과 세포간질 사이에 물질교환을 하며, 정맥은 모세혈관에서 심장으로 혈액을 되돌려 준다. 혈액은 산소와 이산화탄소를 교환하는 일을 하며, 노폐물을 제거하고 질병으로부터 예방하는 보조기능을 한다.

(1) 구조와 기능Structure and Function

1) 혈액Blood

① 허파의 산소를 비롯하여 소화기계의 영양분과 지방세포, 내분비샘의 호르몬을 인체 각 세포로 운반하며 동시에 대사활동에 의해 형성된 다른 노폐물과 이산화탄소를 제거하기 위해 허파나 콩팥 등으로 운반한다.

② 다양한 수준에서 인체의 항상성을 유지하기 위해 균형조절을 돕는다.

③ 병인과 독소 감염과 침입으로부터 인체를 보호한다.

④ 혈액은 적혈구, 백혈구, 혈액응고를 돕는 혈소판으로 구성되어 있다.

⑤ 혈액은 심장에서 대동맥을 통해 동맥으로 나오고 동맥은 작게 나뉘어져 세동맥으로 우리 몸에 퍼져나간다.

⑥ 세동맥은 모세혈관으로 이어지고 조직에서는 모세혈관 다발이 형성된다.

⑦ 모세혈관 다발은 신선한 산소와 영양분을 세포에 공급하고 이산화탄소와 노폐물을 받아들인다.

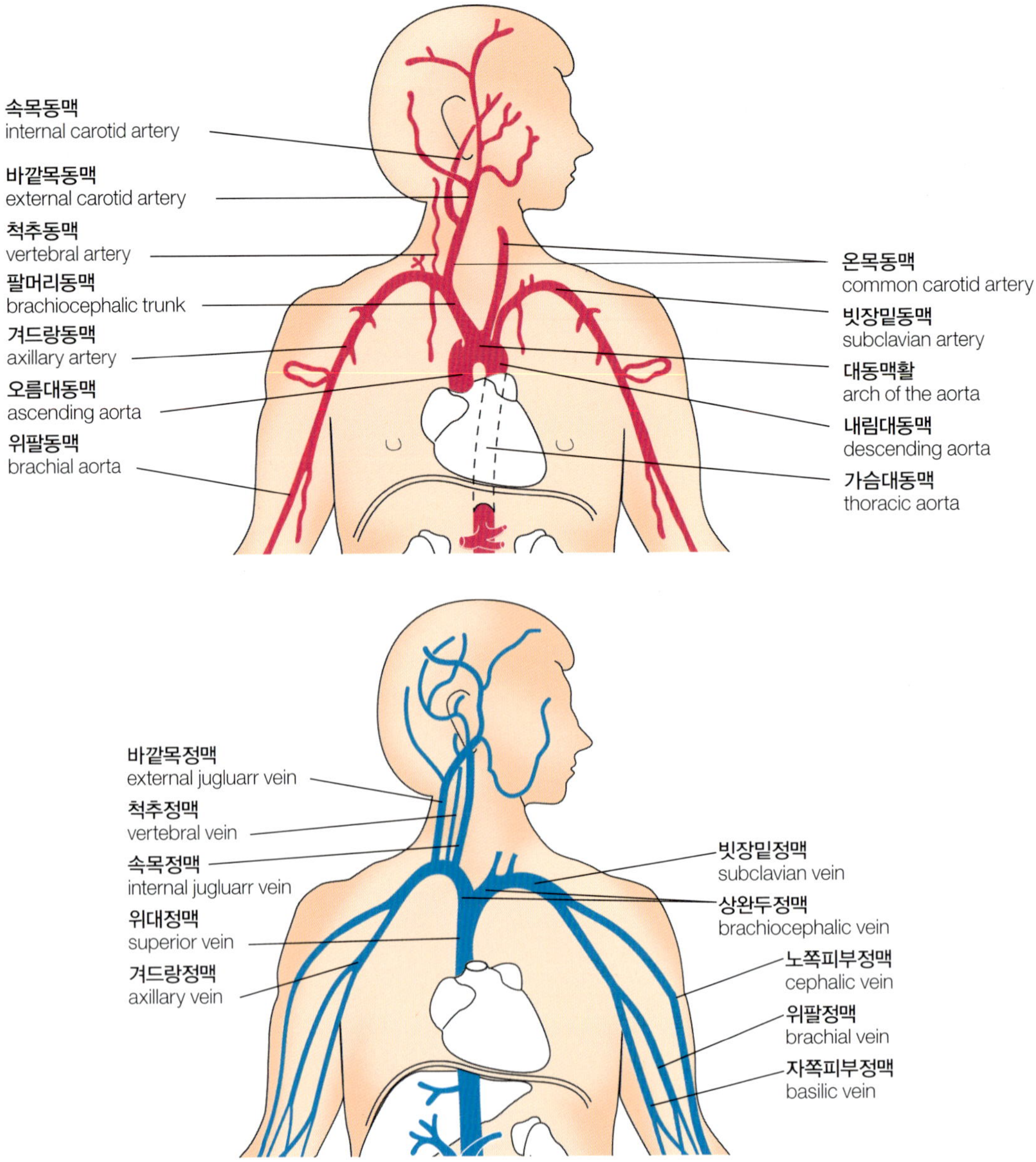

그림 6-7 인체의 동맥과 정맥계통

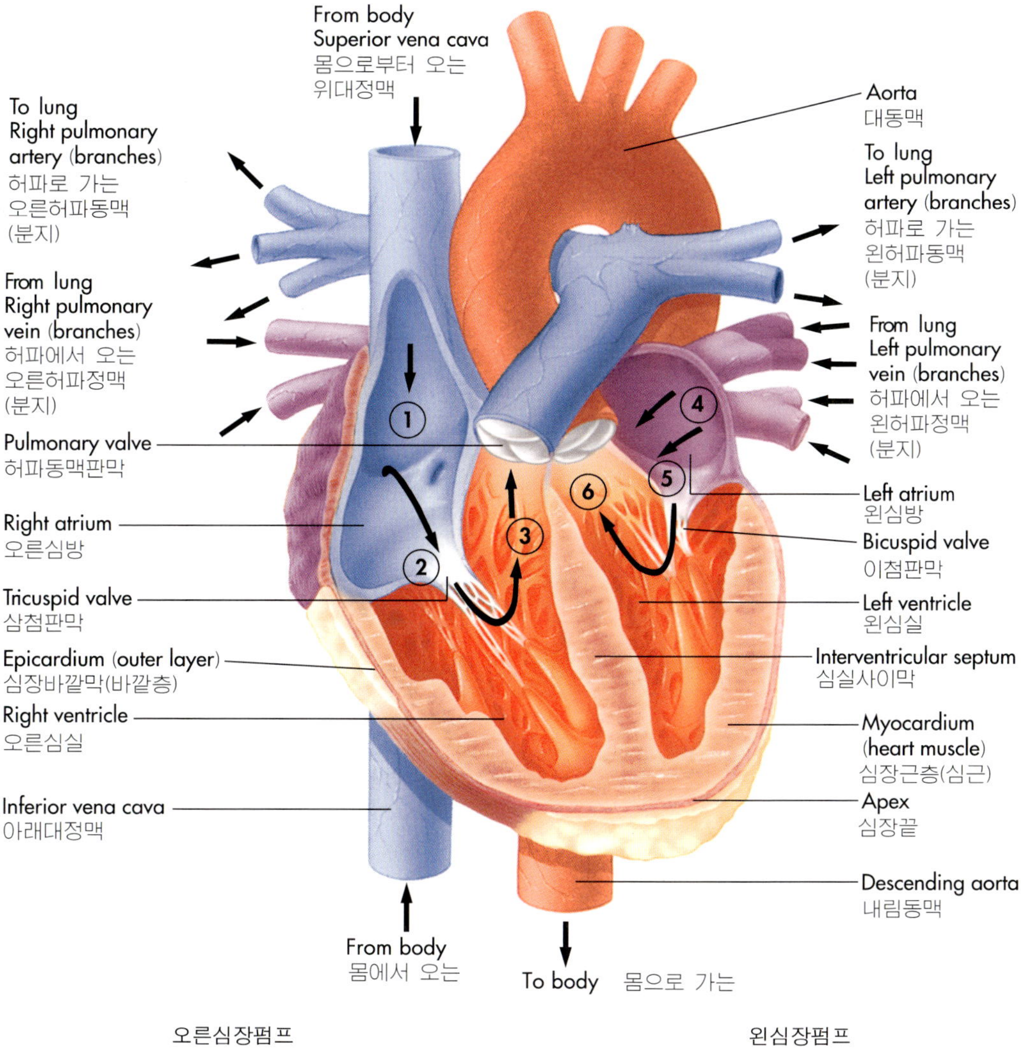

그림 6–8 심장판막과 혈류의 기능

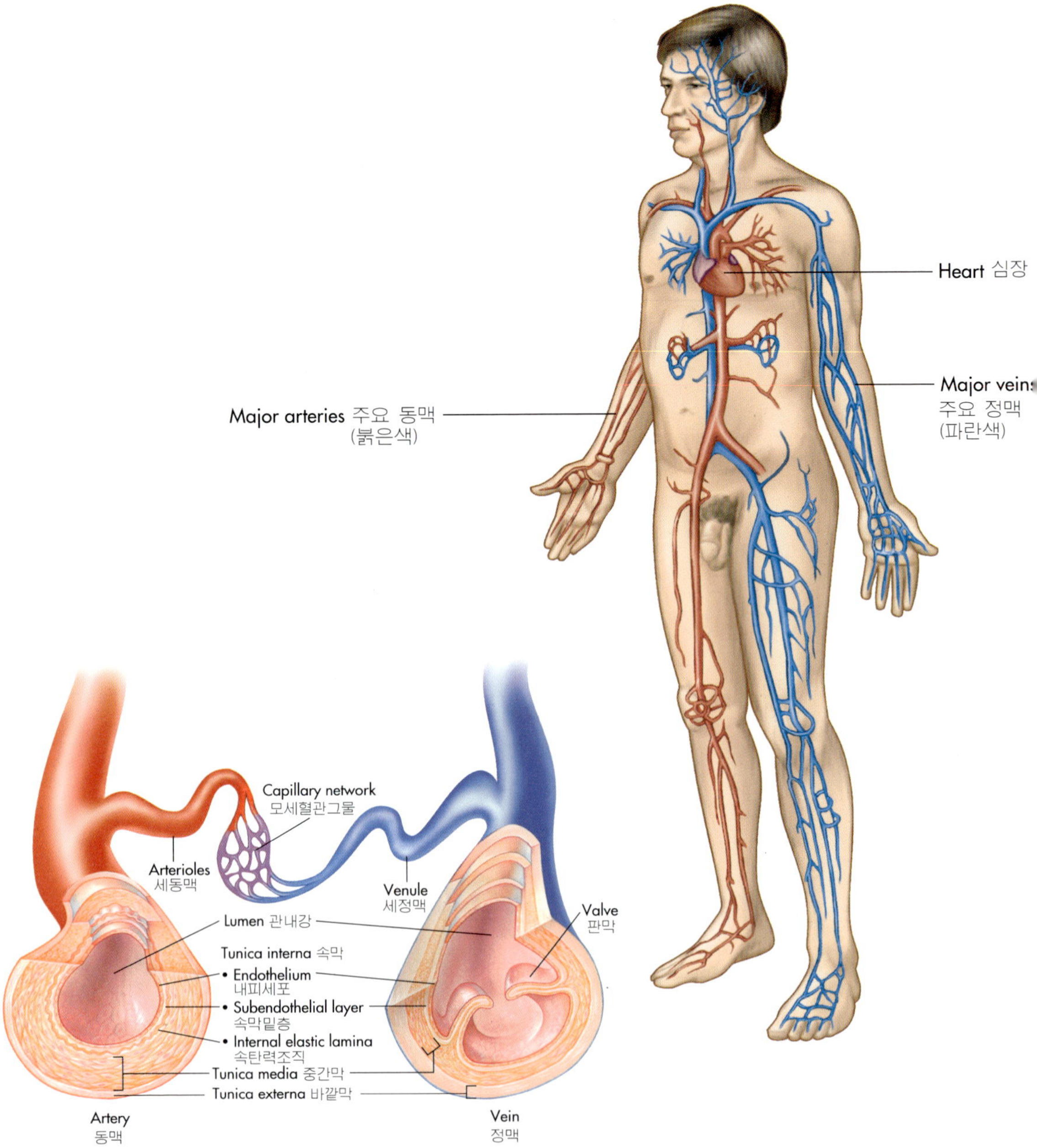

그림 6–9 혈관과 모세혈관 연접 및 심혈관 계통

2) 모세혈관 The Capillaries

① **동맥** : 정맥보다 압력이 높기 때문에 벽이 더 두껍고, 탄력조직으로 이루어진 중간층이 있다.

② **정맥** : 혈액의 역류방지를 위한 판막이 있다. 압력이 동맥보다 낮다.

③ **모세혈관** : 조직세포로부터 노폐물과 이산화탄소를 받아들일 수 있다.

④ **모세혈관다발** Capillary bed : 혈관단락과 진성모세혈관으로 구분된다.

⑤ **모세혈관 앞조임근** precapillary sphincters : 혈액이 흐르도록 하거나 수축하여 혈액을 멈추게 한다.

⑥ 혈액이 흐르게 할 때는 진성모세혈관과 조직세포에 혈액이 공급되며, 혈액을 멈추게 할 때는 진성모세혈관에만 혈액이 흐른다.

3. 림프와 면역계통

지라 spleen, 림프 lymph, 가슴샘 thymus

림프계통은 심혈관계통과 기능적으로 밀접하게 연결되어 있으며 모세림프관은 모세혈관과 나란히 있다. 모세림프관 속에는 림프액이 채워져 있다. 몇 개의 모세림프관의 망은 림프관으로 연결되고 림프관은 림프절로 이어진다.

림프절은 목, 액와, 서혜부, 골반, 복부, 가슴 등에 림프계의 모든 통로나 관에 위치하여 필터역할을 하며 병원균을 파괴한다. 림프절의 내부에는 림프구가 들어 있다.

림프는 면역과 대사에 중요한 작용을 하며 비타민, 호르몬, 혈장단백질 등 정맥벽을 통과할 수 없는 대분자량의 물질을 수송한다. 물처럼 맑은 액체이며 혈소판이 없어 느리게 응고한다. 모세림프관에서는 투명하나 중심부로 갈수록 지방을 흡수하여 불투명해지고 림프구가 많아진다.

림프의 면역기능은 백혈구를 가진 림프조직인 림프구에서 일어나며 체액균형과 감염에서 인체를 보호하는 역할을 한다. 면역계통은 인체에 해로운 물질이 침입했는지 확인하기 위한 순찰업무를 담당한다.

(1) 림프절

① **목 림프절**cervical region : 턱 아래와 귀 앞뒤의 큰 혈관을 따라 목 안 깊숙이 위치하며 얼굴과 머리에서 내려오는 림프와 연결되어 있다.

② **액와 림프절**axillary region : 팔과 가슴, 유선, 복부 위쪽의 림프를 받아들인다.

③ **서혜부 림프절**inguinal region : 다리와 외부생식기 및 복부림프를 받아들인다.

④ **골반강 림프절**pelvic cavity : 장골혈관을 따라 골반강 내의 림프를 받아들인다.

⑤ **복강 림프절**abdominal cavity : 장간막동맥, 복부 대동맥을 따라 연결된 림프를 받아들인다.

⑥ **흉강 림프절**thoracic cabity : 종격동, 기관지를 따라 흉부내장의 림프를 받아들인다.

(2) 림프드레니지 Lymph drainage

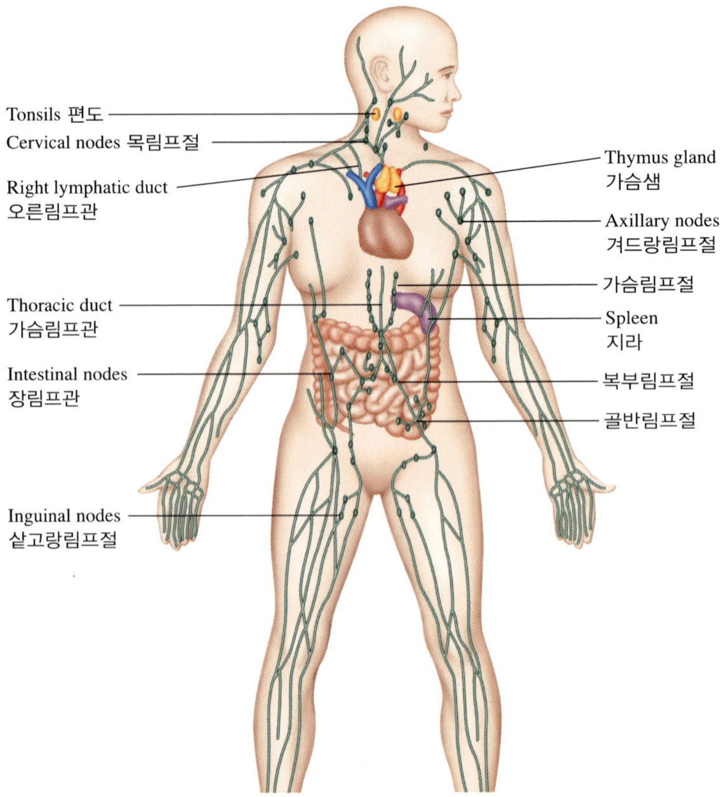

그림 6-10 림프계통의 구조

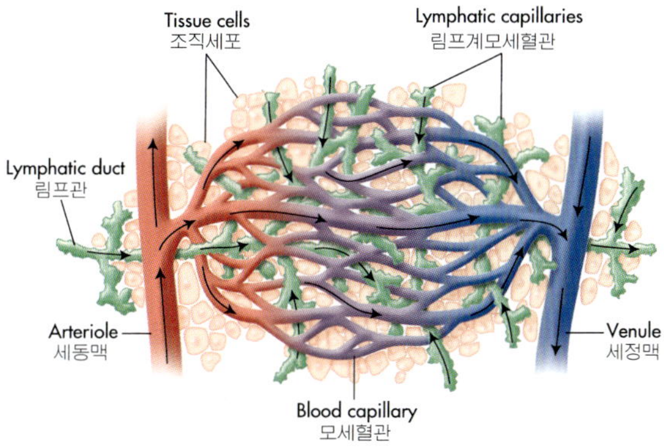

그림 6-11 심혈관과 림프계통의 연관성

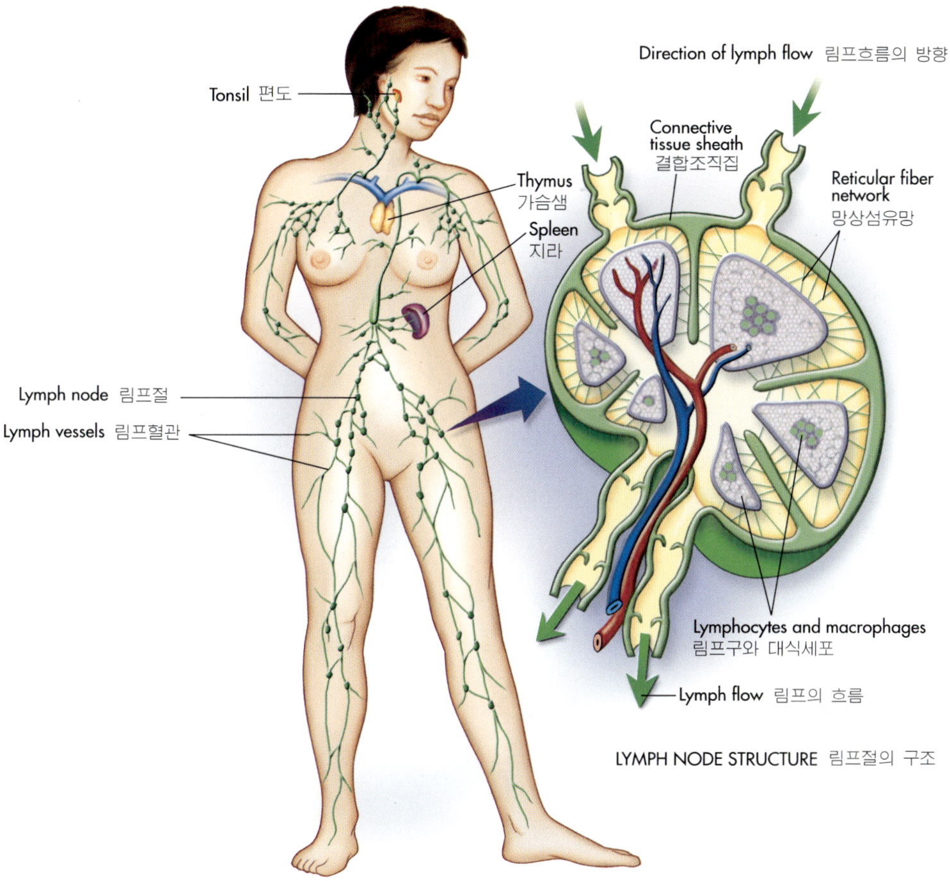

그림 6-12 림프계통

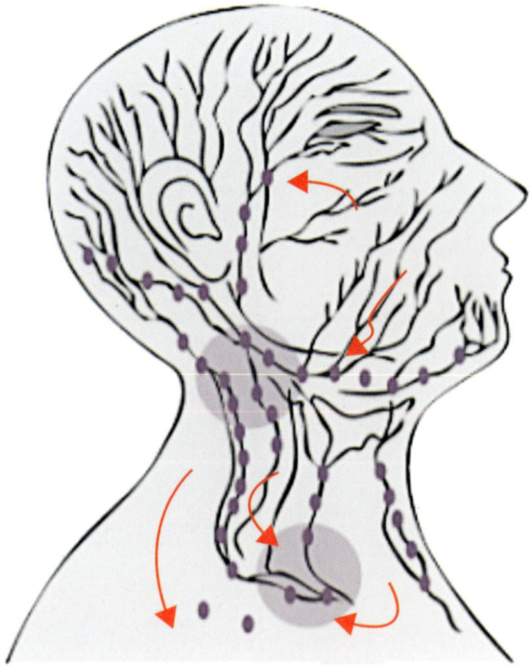

그림 6-13　얼굴의 림프관

4. 호흡기계통

코nose, 인두pharynx, 후두larynx, 허파lungs, 기관지bronchial tube 등이 해당되며 공기를 흡입할 때 필터의 역할로 신선한 공기를 제공하고 가온, 가습, 혈액의 산, 염기의 균형을 유지시켜준다.

기관	일차적인 기능
코안	필터, 가습, 가온역할과 냄새를 맡는다.
인두	소화관으로 분배되는 부위이며, 후두로 공기를 전달한다.
후두	기관의 개구부를 보호하고 성대가 있다.
기관	공기필터, 점액으로 이물질 부착, 연골로 기도를 유지한다.
기관지	기관과 같은 역할
허파	공기의 움직임에 따라 부피가 변화하고 기도와 허파꽈리를 포함한다.
허파꽈리	공기와 혈액 사이에 가스 교환이 일어나는 곳이다.

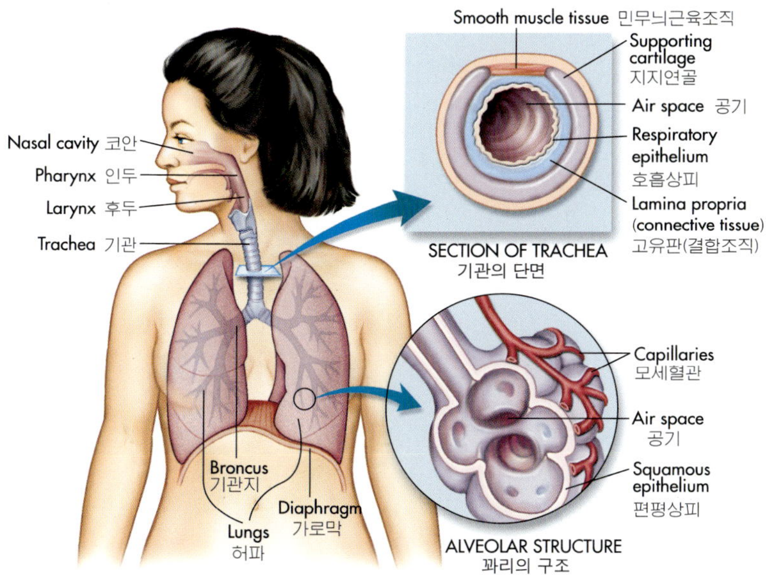

그림 6-14 호흡기 계통

5. 소화기계통

입mouth, 인두pharynx, 식도esophagus, 위stomach, 소장small intestine, 결장colon, 간liver, 쓸개gallbladder, 이자pancreas가 해당되며 음식물을 잘게 부수고 인체에 필요한 물질은 흡수하여 세포로 이동하고 노폐물은 밖으로 배출한다.

기관	일차적인 기능
침샘	윤활작용, 완충제나 소화효소를 생산
인두	식도와 연결된 통로
식도	음식물을 위로 전달
위	위산과 효소를 분비
소장	소화효소 분비와 흡수
간	담즙 분비, 혈액내 화학물질 조절
쓸개	소장에 분비될 담즙을 저장
이자	소화효소와 완충제 분비, 내분비세포 포함
대장	대변에서 수분을 흡수, 대변 저장

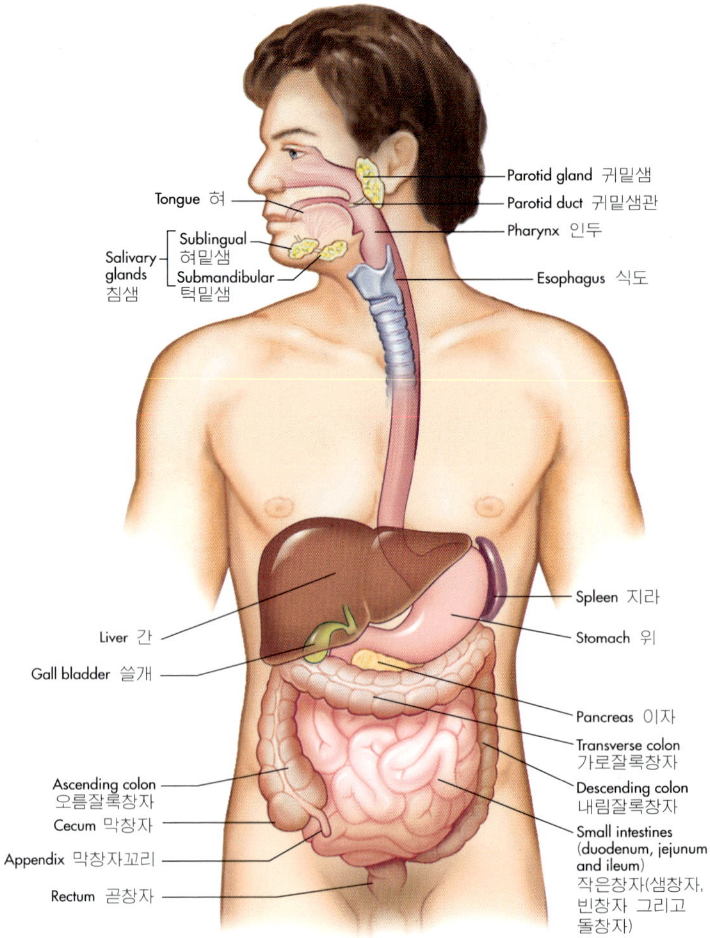

그림 6-15 소화기 계통

6. 비뇨기계통

콩팥kidneys, 요관ureters, 방광bladder, 요도urethra

질소와 같은 노폐물, 전해질·약물·독성물질, 과도한 수분 등을 제거하고 적혈구 수를 조절, 적당한 체액균형 유지한자. 혈압을 조절하고 혈액의 산·염기 및 전해질의 균형 유지를 도운다.

기관	일차적인 기능
콩팥	소변을 생산하고, 혈액 내 화학조성 조절
요관	콩팥에서 방광으로 소변을 수송
방광	소변 배출을 위해 소변을 저장
요도	소변을 체외로 배출

7. 생식기계통

난소ovaries, 자궁uterus, 나팔관, 자궁관fallopian·uterine tubes, 질vagina, 젖샘mammary glands, 고환, 정소testes, 전립샘prostate, 요도urethra

새로운 자손을 만든다. 생식비뇨기계통 또는 GU계통이라고 부른다.

기관		일차적인 기능(남성)
고환		정자와 호르몬 생산
부속기관	부고환	정자가 성숙하는 곳
	정관	부고환과 전립샘 사이에 정자가 지나는 연결 통로
	정액낭	정자 이외에 정액의 많은 부분을 분비
	전립샘	완충액과 정액의 일부 분비
	요도	외부로 정액을 보내는 통로
외부생식기	음경	여성의 질에 정자를 주입하는 발기기관, 성행위시 흥분을 느끼는 부위
	음낭	고환을 둘러싼 주머니

기관		일차적인 기능(여성)
난소		난자와 호르몬을 생성
자궁관		난자와 배아를 자궁으로 이동 : 수정이 일어나는 정상부위
자궁		태아가 성장하는 곳
질		정자가 지나는 장소, 출생시 통로, 월경기간 중 액체이동로
외부 생식기	음핵	발기기관, 성행위시 흥분을 제공하는 부위
	음순	질에 윤활작용을 하는 분비샘을 포함
젖샘		신생아에게 영양분을 제공할 우유 생산

8. 뼈대계통

뼈bones, 관절joints, 인대, 연골

① 인체를 지지해주고 뇌와 같은 장기를 보호

② 칼슘ca이나 인P같은 미네랄을 저장

③ 근육과 함께 움직임을 돕고 혈구세포를 생산

④ **뼈대계통을 구성하는 것** : 뼈206개, 관절, 인대, 연골 등

(1) 얼굴 뼈의 구조와 기능

뼈의 기능 : 혈액세포의 생산·장기보호·숨쉬기를 돕는 역할, 미네랄을 저장하는 역할, 운동이 일어날 때 지지대의 역할 등

① **연골**Cartilage

- 특수한 형태의 밀집된 결합조직으로서
- 인체가 접힘, 장력, 압력을 견딜 수 있게 해준다.
- 코 사이를 유연하게 연결한다.
- 뼈와 뼈 사이에서 쿠션 역할을 한다.
- 연골에 있는 윤활주머니bursa는 윤활액synovial fluid을 담고 있는데 이것이 닳아 없어져 결국 염증이 생기면 관절염arthritis, 뼈관절염osteoarthritis이 된다.

② **관절과 인대**Joint and Ligaments

- 관절joint 또는 articulation : 2개 이상의 뼈가 합쳐져서 이루어짐
- 인대ligament : 띠처럼 생겨 뼈와 뼈를 연결하며 무거운 스트레스를 견딜 수 있을 만큼 강함
- 힘줄tendon : 근육과 뼈를 연결함
- 관절은 각각의 특색에 따라 다르게 작용
- 섬유관절fibrous joints : 짧은 결합조직에 의해 연결되었으며 전혀 움직임이 없거나 약간 움직일 수 있음

③ **연골관절**cartilaginous joints

연골원판에 의해 연결되었으며 전혀 움직임이 없거나 약간 움직일 수 있음

- 활막관절synovial joints : 윤활막으로 둘러싸이고 윤활막으로 채워진 관절공간으로 연결되었으며 자유롭게 움직일 수 있어 여러 형태로 만들어져 그에 따라 움직임도 결정

④ 머리뼈 The Human Skull

- 뇌를 담고 보호하며 눈, 코, 귀 등의 감각기관을 위한 입구가 있다.
- 소화와 호흡의 통로 역할을 하는 입을 구성한다.
- 봉합섬유결합조직 : 머리뼈를 붙여주며 유연성을 제공한다.

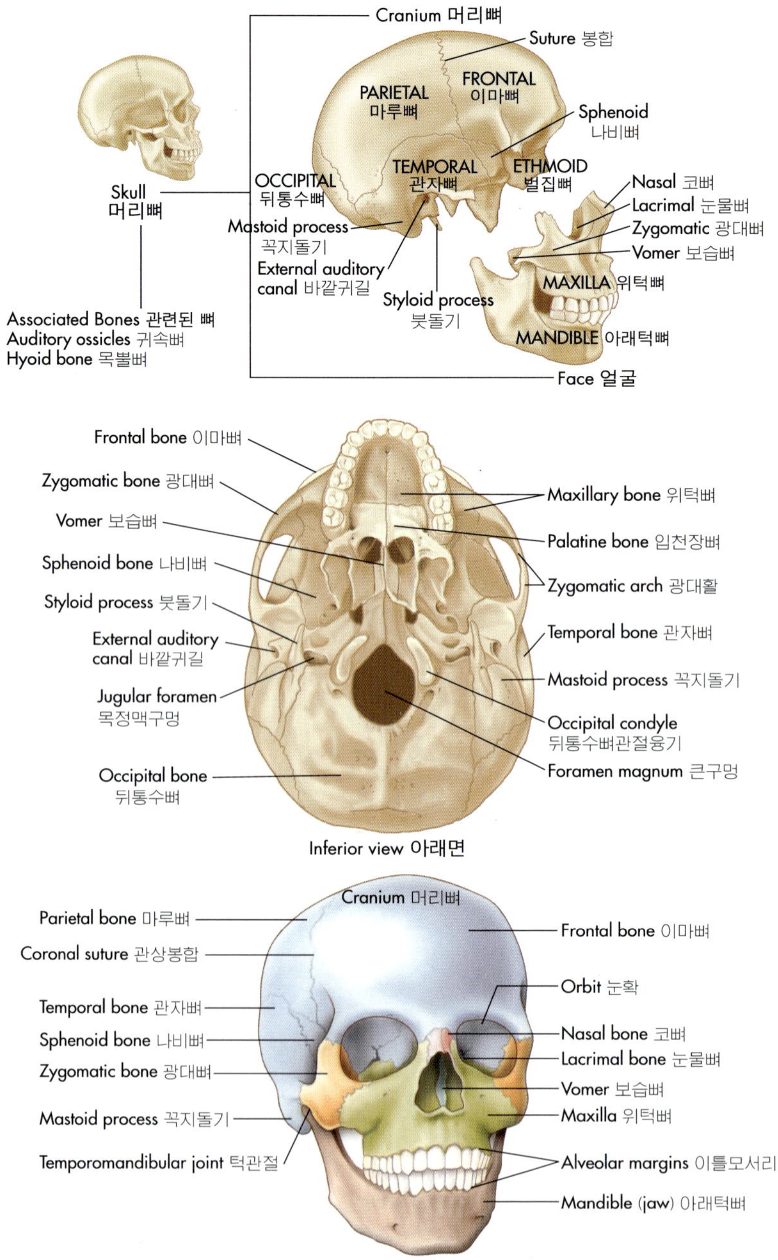
Cranium 머리뼈
Suture 봉합
Skull
머리뼈
PARIETAL
마루뼈
FRONTAL
이마뼈
Sphenoid
나비뼈
OCCIPITAL
뒤통수뼈
TEMPORAL
관자뼈
ETHMOID
벌집뼈
Nasal 코뼈
Lacrimal 눈물뼈
Zygomatic 광대뼈
Vomer 보습뼈
Mastoid process
꼭지돌기
External auditory
canal 바깥귀길
Styloid process
붓돌기
MAXILLA 위턱뼈
MANDIBLE 아래턱뼈
Associated Bones 관련된 뼈
Auditory ossicles 귀속뼈
Hyoid bone 목뿔뼈
Face 얼굴
Frontal bone 이마뼈
Zygomatic bone 광대뼈
Vomer 보습뼈
Sphenoid bone 나비뼈
Styloid process 붓돌기
External auditory
canal 바깥귀길
Jugular foramen
목정맥구멍
Occipital bone
뒤통수뼈
Maxillary bone 위턱뼈
Palatine bone 입천장뼈
Zygomatic arch 광대활
Temporal bone 관자뼈
Mastoid process 꼭지돌기
Occipital condyle
뒤통수뼈관절융기
Foramen magnum 큰구멍
Inferior view 아래면
Cranium 머리뼈
Parietal bone 마루뼈
Coronal suture 관상봉합
Temporal bone 관자뼈
Sphenoid bone 나비뼈
Zygomatic bone 광대뼈
Mastoid process 꼭지돌기
Temporomandibular joint 턱관절
Frontal bone 이마뼈
Orbit 눈확
Nasal bone 코뼈
Lacrimal bone 눈물뼈
Vomer 보습뼈
Maxilla 위턱뼈
Alveolar margins 이틀모서리
Mandible (jaw) 아래턱뼈

그림 6-16 머리뼈

부록

1. 얼굴의 골격

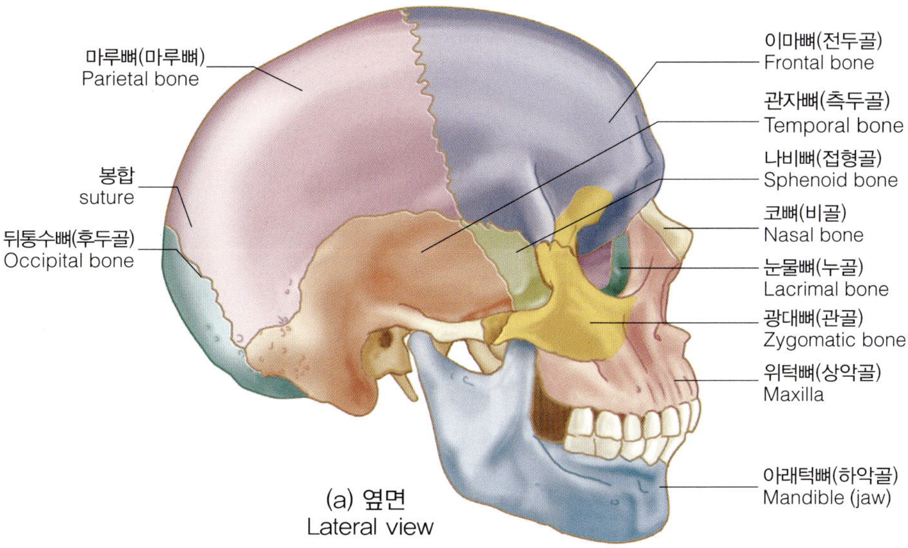

(a) 옆면
Lateral view

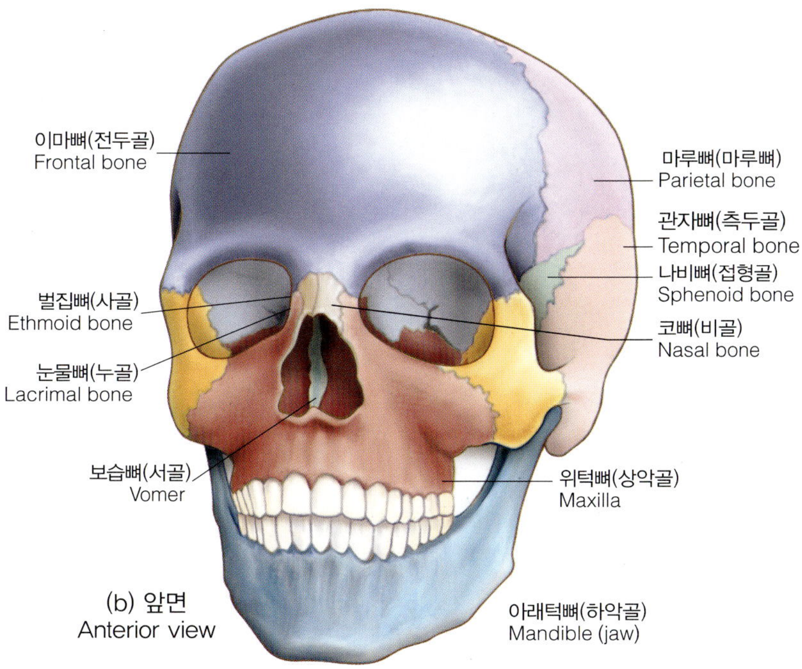

(b) 앞면
Anterior view

2. 얼굴의 근육

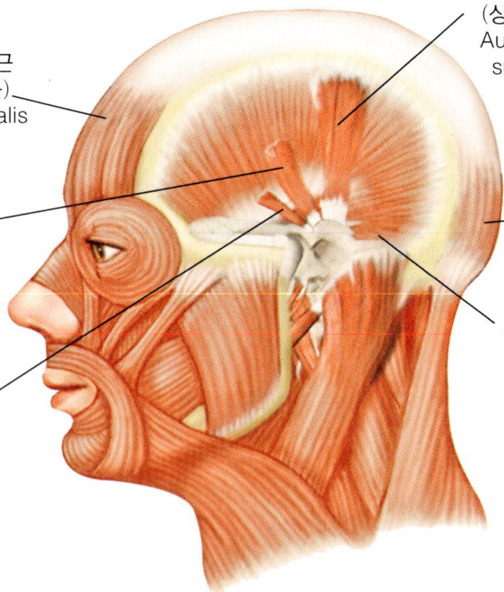
위귓바퀴근
(상이개근)
Auricularis
superior
뒤통수이마근
(후두전두근)
Occipitofrontalis
관자마루근
(측두두정근)
Temporoparietalis
뒤통수이마근
(후두전두근)
Occipitofrontalis
뒤귓바퀴근
(후이개근)
Auricularis
posterior
앞귓바퀴근
(전이개근)
Auricularis
anterior

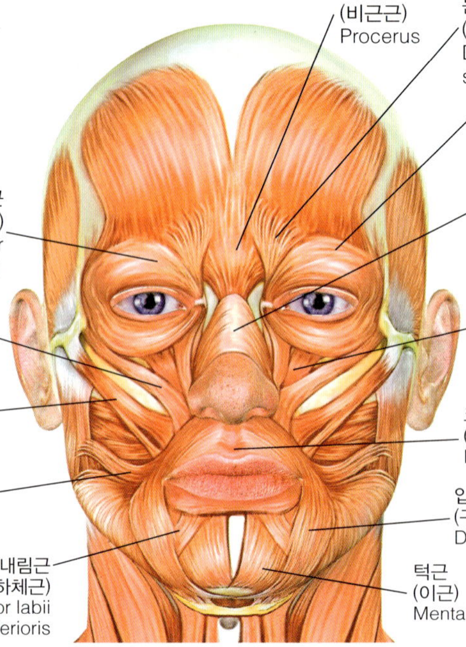
눈살근
(비근근)
Procerus
눈썹내림근
(미모하체근)
Depressor
supercilii
눈둘레근
(안륜근)
Orbicularis oculi
눈썹주름근
(추미근)
corrugator
supercilii
코주위근
(비근)
Nasalis
위입술올림근
(상순거근)
Levator labii
superioris alaeque
nasi
입꼬리올림근
(구각거근)
Levator anguli oris
볼근
(협근)
Buccinator
코중격내림근
(비중격하체근)
Depressor septi nasi
입꼬리당김근
(소근)
Risorius
입꼬리내림근
(구각하체근)
Depressor anguli oris
아래입술내림근
(하순하체근)
Depressor labii
inferioris
턱근
(이근)
Mentalis

3. 얼굴의 혈관

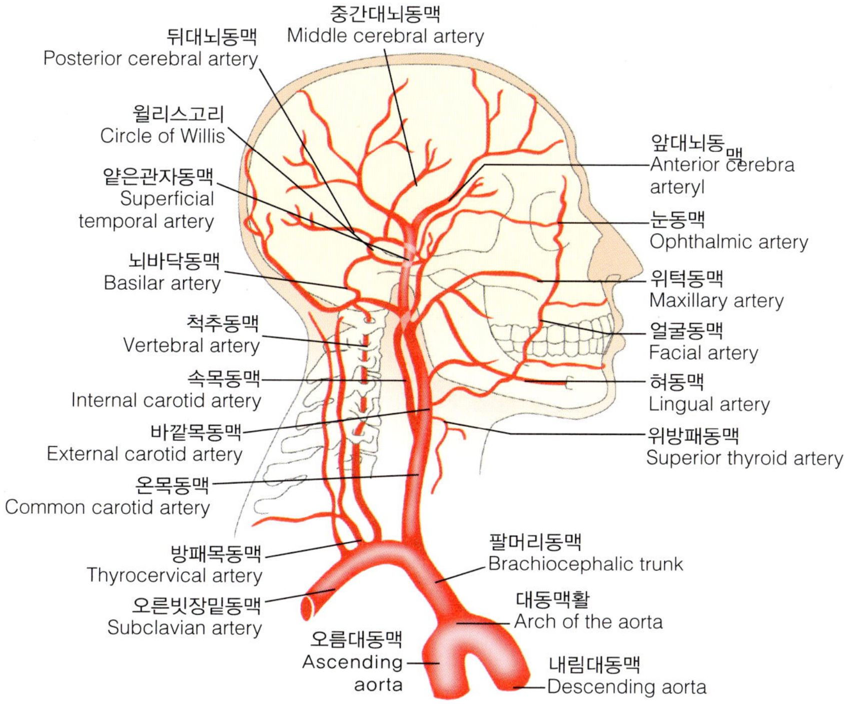
중간대뇌동맥
Middle cerebral artery
뒤대뇌동맥
Posterior cerebral artery
윌리스고리
Circle of Willis
얕은관자동맥
Superficial
temporal artery
뇌바닥동맥
Basilar artery
척추동맥
Vertebral artery
속목동맥
Internal carotid artery
바깥목동맥
External carotid artery
온목동맥
Common carotid artery
방패목동맥
Thyrocervical artery
오른빗장밑동맥
Subclavian artery
오름대동맥
Ascending
aorta
앞대뇌동맥
Anterior cerebra
arteryl
눈동맥
Ophthalmic artery
위턱동맥
Maxillary artery
얼굴동맥
Facial artery
혀동맥
Lingual artery
위방패동맥
Superior thyroid artery
팔머리동맥
Brachiocephalic trunk
대동맥활
Arch of the aorta
내림대동맥
Descending aorta

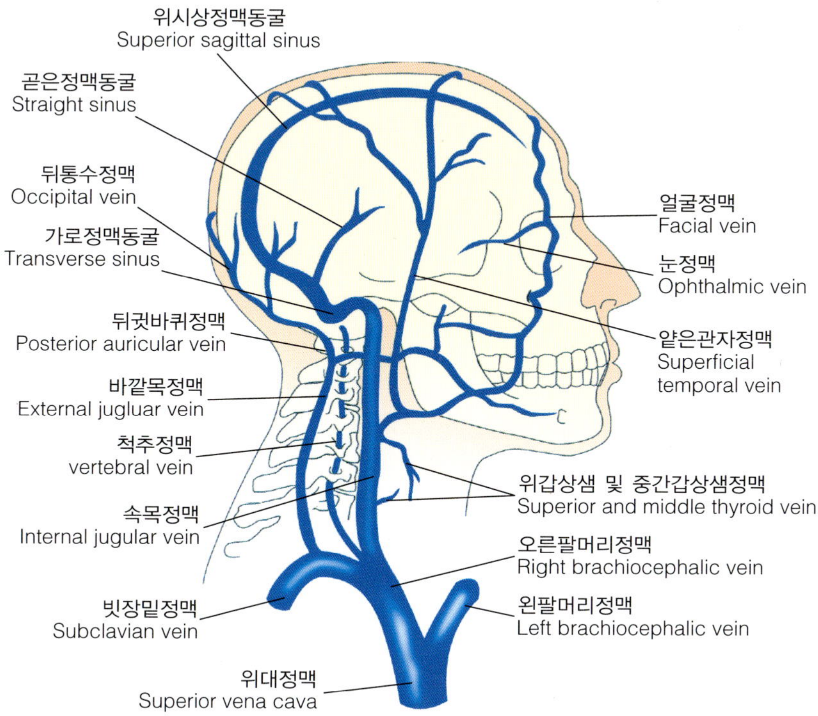
위시상정맥동굴
Superior sagittal sinus
곧은정맥동굴
Straight sinus
뒤통수정맥
Occipital vein
가로정맥동굴
Transverse sinus
뒤귓바퀴정맥
Posterior auricular vein
바깥목정맥
External jugluar vein
척추정맥
vertebral vein
속목정맥
Internal jugular vein
빗장밑정맥
Subclavian vein
위대정맥
Superior vena cava
얼굴정맥
Facial vein
눈정맥
Ophthalmic vein
얕은관자정맥
Superficial
temporal vein
위갑상샘 및 중간갑상샘정맥
Superior and middle thyroid vein
오른팔머리정맥
Right brachiocephalic vein
왼팔머리정맥
Left brachiocephalic vein

4. 얼굴의 림프관, 림프절

인체에는 혈관과 같이 우리 몸 구석구석에 림프관이 있어서 노폐물을 이동시키며, 곳곳에 림프구와 백혈구로 구성된 림프절이 분포되어서 노폐물을 제거하는 면역기관의 역할을 한다.

림프의 기능이 정상적으로 작동해야 피부도 내외적 자극 요소들로부터 스스로를 방어할 수 있는 저항력이 생긴다. 따라서 피부미용 얼굴관리에

있어서 림프기관의 관리는 매우 중요한 포인트가 된다.

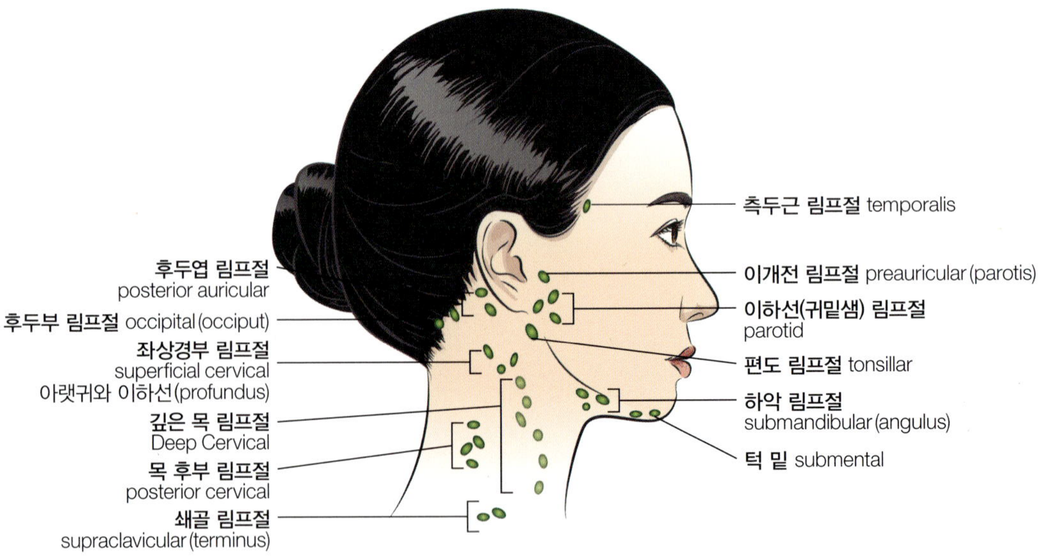

5. 얼굴의 지압점

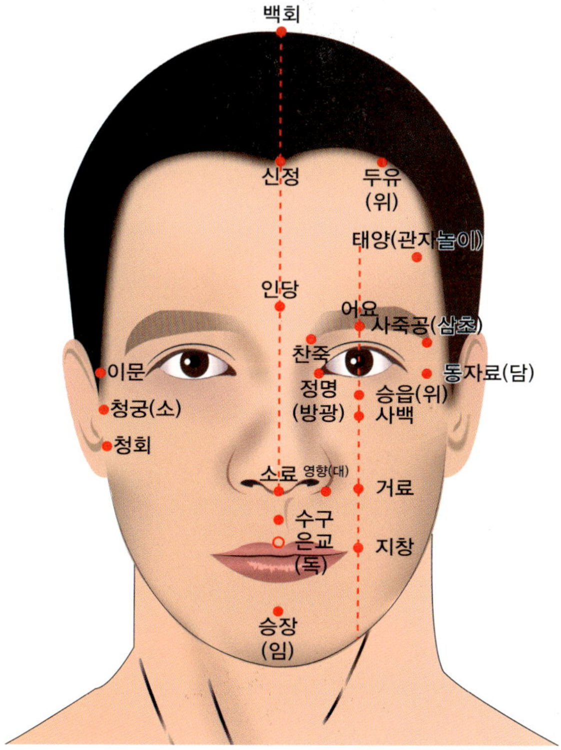
백회
신정
두유
(위)
태양(관자놀이)
인당
어요
사죽공(삼초)
찬죽
이문
동자료(담)
정명
(방광)
승읍(위)
사백
청궁(소)
청회
소료
영향(대)
거료
수구
은교
(독)
지창
승장
(임)

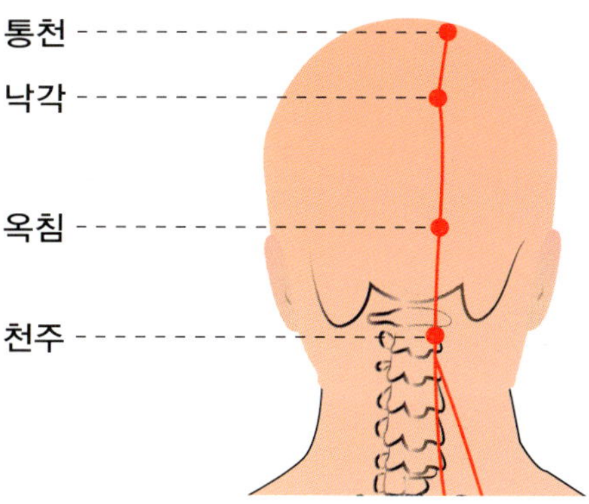
통천
낙각
옥침
천주

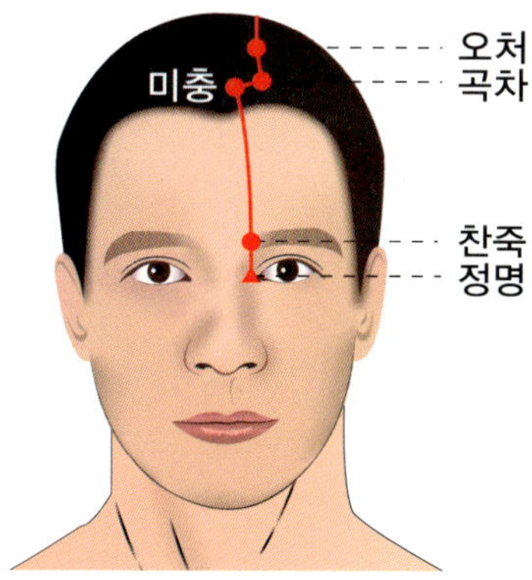
미충
오처
곡차
찬죽
정명

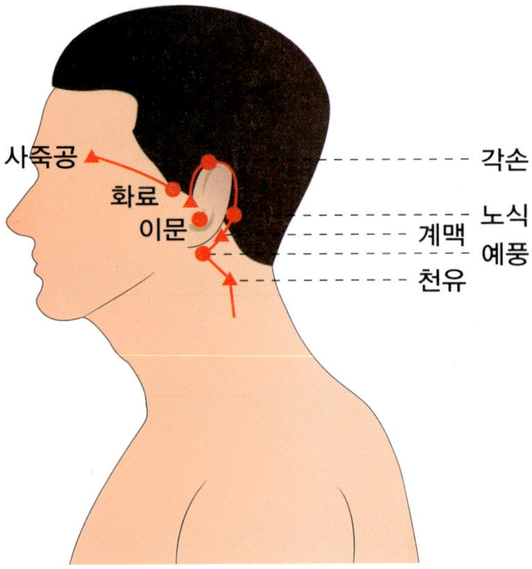
사죽공
화료
이문
각손
노식
계맥
예풍
천유

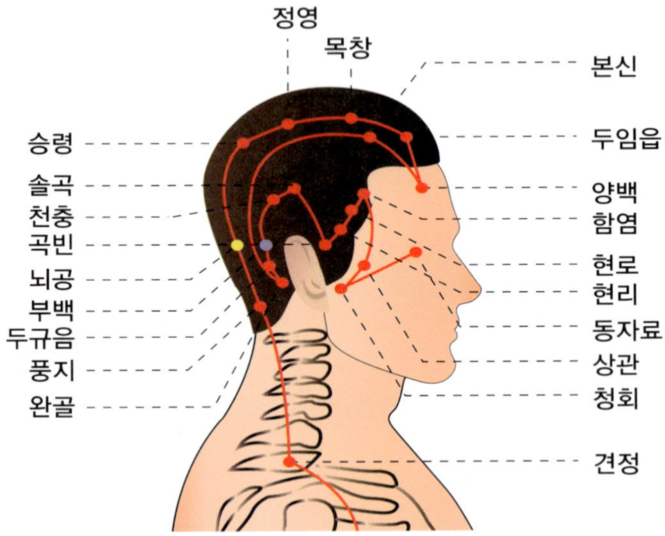
정영
목창
본신
승령
두임읍
솔곡
양백
천충
함염
곡빈
현로
뇌공
현리
부백
동자료
두규음
상관
풍지
청회
완골
견정

참고 문헌

- 권혜영, 권혜진 외, "NEW 피부과학", 메디시언, 2019.
- 권혜영, 안경민 외, "기초 에스테틱", 메디시언, 2017.
- 김경미 외, "NCS를 기반으로 한 기초피부미용관리학", 메디시언, 2016.
- 김광옥, 김희진 외, "피부미용학", 청구문화사, 2008.
- 김기영, 김봉인 외, "피부미용인을 위한 뉴해부생리학", 메디시언, 2017
- 김희진, 이성옥 외, "피부미용 얼굴관리", 메디시언, 2020.
- 이병철, 김현숙 외, "피부미용고객상담", 메디시언, 2015.
- 이영아 외, "NCS적용교육 기초피부관리", 메디시언, 2017.
- 이은우, 최윤정 외, "NCS 적용교육 얼굴곤리",메디시언, 2016.
- 임진숙, 최경임,"Face Manual Treatment", 훈민사, 2009
- 조수경, 김정숙 외, "국가직무능력표준 얼굴관리", 메디시언, 2019
- 최경임, "피부미용실기", 고시원출판사, 2009.
- 한국해부생리학교수협의회, "해부생리학", 현문사, 2012
- 국가직무능력표준, http://www.ncs.go.kr/
- 미용분야 산업안전보건매뉴얼, 한국직업능력개발원
- 피부미용얼굴관리 학습모듈(2016), 한국직업능력개발원
- 피부미용위생관리 학습모듈(2014), 한국직업능력개발원
- 피부미용고객마무리관리 학습모듈(2014), 한국직업능력개발원
- 지식백과

Skin care & Facial Treatment

NCS 학습을 기반으로 한

피부미용 페이셜 관리

2021년 2월 12일 초판 인쇄
2021년 2월 17일 초판 발행
2021년 5월 28일 초판2쇄 발행

저 자 김현숙

발행인 주병오·주민기

발행처 메디시안

주 소 경기도 파주시 회동길 209
파주출판문화도시
영업팀 (031) 955－7566 · 7577
편집디자인팀 (031) 955－7731
F A X (031) 955－7730
홈페이지 www.ji-gu.co.kr
전자우편 jigupub@hanmail.net
등록번호 2005년 2월 16일 제 406-2005-000045호

ISBN 979-11-90839-20-4 값 22,000원